科研创新：科学问题的判据及科研论文的"套路"

Scientific Innovation: Scientific Problem Criteria

and Research Paper Writing Strategies

许谷（Gu Xu）著

内容简介

本书试图从科学研究的本质出发，"居高临下"地阐述科研创新的方方面面，尤其是如何找出科学问题。本书共分五章，及两个附录。第一章主要讨论科研的实质，以及由此带来的基本问题，包括新知识的传播，科学问题与工程问题的区别。第二章为本书核心，提出了极具操作性的科学问题三个判据，及其连带的文献阅读和重复前人工作之必要。第三章进一步讨论寻找科学问题的方法，如何"居高临下"地看问题，以及连带的知识碎片化问题。第四章描述了科研的一般步骤，以及原创程度的高低。第五章涉及一些科研中常用的策略，以及如何巩固基础知识。附录1复述了科研创新的四项基本原则，及与之相联的一些观察与结论。最后，作为整个科研过程的总结，也是科研创新的最后一关，附录2给出了一整套撰写科研论文的规则，模版与一些具体实例。

本书可供各高校师生，研究机构，以及科研基金审核单位作为参考。

编者的话

随着国家发展到一定阶段，科学与技术的创新显得越来越重要。但是，如何有效地进行科研创新，尤其是如何从科研实践与挑战中提炼出具有普遍意义的科学问题，是每个科学工作者所关心的头等大事。然而，很难找得到相关方面的论述或著作。有鉴于此，编者组织记录了本书作者在华南理工大学多次讲学的过程，并将它们整理成了文字。经过作者本人的校对，编成了这本小册子，以便大家广泛交流与提高。

作为一个有着近 30 年科研经历的科学家，作者不但多次回国访问交流，而且足迹遍及世界上绝大部分地区。作者的丰富经历，使得这些看似极其高深的问题，变得容易分析与讨论。比如，最常被问道的"怎样才能找到科学问题"，在本书中得到了充分的阐述，并给出了极具操作性的几个"判据"。此外，对于大家非常希望了解的，即如何撰写科研论文，使之脱离"炒菜"的形式，也成为本书的关键内容之一。而且编辑了一整套撰写科研论文的规则与方法。与此同时，本书舍弃使用生硬的书面语言，更多地采用口语化的词句与例子，希望能够达到与读者"面对面"交流的语境。

在此需要感谢华南理工的蔡思祺、李晓东、黄乐登、黄国威、马可同学，他们完成了从录音转换成文字初稿的任务。同时也要感谢汕头大学的黄晓春教授，叶春荣同学，及上海海事大学的冯道伦教授，使得附录部分的录影得以补全。

谢龙汉

2018 年 2 月

于华南理工大学

目录

1. 科研创新与科学问题

作为开场白，有个关于果子、树枝树叶、树根和树之间关系的比喻，可以用来对照我们国家的人才引进，包括"百人计划"、"长江学者"、"千人计划"等等。我们需要确认的是，多年来我们引进了那么多人才，还有那么多项目，大部分情况下的着眼点是在果子，还是果树，或者树根？比如在一棵苹果树上，若只看到苹果，虽然可以很快见到成效，可以马上就吃，但是我们知道重要的事情并不是苹果，而是它的树，更为重要的是苹果树的根和生长苹果树的土壤。同样地，我们经常被问道，有没有新的"项目"可以引进。但新项目从哪里来呢？当然是别人经过创新和长时间的研发，最后得到的。然后我们接过来进行生产，或者经过进一步的开发，达到生产的阶段。然后呢？我们有没有学会怎么创新和研发？我们把一个成熟的组或者一个人引进来，我们有没有学会产生这样一个组或者一个人的一种机制，这样一种土壤？更为重要的是，这样一种"根"。这些其实是很大的问题。相信大家早已意识到这些问题，否则不会有"钱学森之问"。所以，我们首先要做的事情是要把科学研究的一整套的概念和基础从头梳理一遍。

对全世界而言，科学研究的起源是在一个很小的地方，就是古希腊。这个不是我们的"错"，而是上帝把这个科学的种子撒向了古希腊，没有撒到我们这儿。古罗马其实并没有进行太多的发展。到了中世纪以后，由于奥斯曼帝国的扩张，促使西欧人觉醒，重新捡起当年的那些东西，开始了文艺复兴，才有了近代科学的启蒙。之后一日千里，如今影响到人类生活的方方面面。也就是说,起始的这些东西,我们从来不曾有过。尽管我们有"四大发明"等等,但是这并不是科学研究的结果。所以在东方国家并没有产生这样的元素。我们从五四运动开始说要引进科学,搞了将近一百年了。到今天,放眼望去,我们全民的科学素养有没有造就?从普遍意义上来讲,大部分地方的科学研究单位,对科学研究本身是什么,有没有一个很清晰地认识?一个很简单的例子就是,我们总是把"科"与"技"放在一起。"科学"、"技术"到底是不是一回事?我们也把"科学"和"工程"混在一起,它们究竟有没有一些显著的不同?总而言之,我们非常有必要对这一切进行梳理和重新认识。当然,你可以认为这些只是一家之言,或者认为这些对中国并不适用。但是世界潮流浩浩荡荡,如果老是逆潮流而动,结果一定会比别人好吗?

简而言之,我们很有必要从根上来解决问题,而不是做一些面上的东西,而不是只进口一些果子甚至叶子等等。而这又连带着两个相关的事情。首先是当今的一个共识,即大学应该是社会的领航船。既是领航船,就不能与大船靠得太近,而要保持适当距离。由此推之,大学也应是象牙塔,虽然里面分文理科、医工科等。另外一个是耳熟能详的"科研创新的四项基本原则",这个实际上是美国科学促进会在九十年代召集了世界上科学精英总结出来的四条。其中最重要的也就是第一条,即"结合基础研究与应用研究"。虽然工程学院做的是"应用研究",但是必须要结合"基础研究"才能做到真正的创新。也就是说,尽管工科研究的东西比较接近社会,但是每个学生老师应该结合前端的研究,也即科学问题的研究,而不仅仅是为了应用。假若只是在应用的领域里面打转,或者说只在"接地气"的方面做工作,就很难做到完全的创新,最多只能算"技术革新"。

1.1）科研创新已是世界趋势

让我们转入正题，首先是为什么要进行科学研究，这其实是全世界范围的一种趋势，这个趋势已经开始了很久了，也就是大家都意识到了科研创新的必要性：它是大学作为社会的领航船的一个最重要的功能，就是要在人类发展的前沿做开创性的事情。大学不光是做知识传授，而是必须进行知识创新。有这样一种说法，大概每一百万的人口就应该有一所研究型的大学，而不是只做教学辅导。按照这个说法，广州应该是有 20 所，当然这只是一种泛泛而论。但这个说法也有一些根据，主要是什么呢？就是智商，当然说起来"政治不正确"。智商的分布大家知道，是一个高斯（钟形）曲线。曲线中心大概是一百，就是全人类的平均智商。当然不同种族会有些不一样，东亚人可能比较高，可以到一百零几。然后每隔 15 为一个方差，也即 115 是平均值之上一个方差（西格玛），130 是两个西格玛，145 是三个。有些理论是 16 一个西格玛，也有的是 18 一个西格玛，这个由于不同的智商测量系统会不太一样。大概地来说，一个西格玛 115 智商已在 5/6 的人群之上。因为一个西格玛所占钟形曲线的两边算下来大概是 68% 左右，剩下的便只有 1/3。但是 1/3 有一半在左手边，是在平均值之下，所以之上的另一半只有 1/6。也就是说 115 智商或者以上者只占总人口的 1/6。再往上的话是 130。130 以上者大概只有 2.2%，也就是说百里数一数二的人。而 3 个西格玛（145）大概就是千里挑一。到了 4 个西格玛更是 3 万分之一。所以 3 个西格玛是一个比较"适中"的智商界线。

而发达国家的一个地区或者城市，一百万人口的千分之一，一般就是这个地区的医生人数加上大学教授的人数。当然了，有一百万人口不一定有一所研究型大学。所以这只是一个大概的依据。当然这里面有好多话"政治不正确"。90 年代加拿大有一个大学的心理学教授讲到种族的智商差异，结果引起轩然大波。但是学术上做这样的探讨应该没有问题。当然在不发达国家就很难达到这个水平了，一千万甚至一亿人口也不一定有一所研究型的大学。像非洲有近 8 到 10 亿人口，但是整个非洲从北到南没几个世界水准的研究型大学。甚至对于美国来说，大概有 3 亿多人口，但研究型大学只有 200 所左右。这 200 所是从比较普遍的专业，物理化学等等出发。如果再往应用方向走，到工程方面。以材料工程为例，是工程中较普遍的，因为任何工程都要用到材料，大概只有 150 个左右。若要以含有"材料"作为系/所的名称者，可能更少。可见即便美国都没有达到之前所说的"标准"，要一百五十万人左右才有一所研究型的大学。当然这里我们所说的研究主要是指理工医类，社会科学等不在讨论范围之内。

总之，科学研究是一个全世界的事情，也就是说不光是我们国家，其他国家也在做这样的事情。甚至很多非洲国家也在做，也要进行科学研究。十年前左右，我去非洲旅行，到过埃塞俄比亚。即便是在今天，该国与世界上大多数国家相比都算贫穷落后的。但我发现他们在进行严肃认真的大学排名。他们前几名之间的竞争绝不亚于我们国家。虽然令人惊奇，但这也表明了科学研究是全世界的事情，不止中国为了成为世界强国而要科研创新，其他国家也是如此。又比如拉丁美洲，虽然很多是第三世界的国家，但是墨西哥有几乎是全世界最大的大学，叫做国立自治大学，好像有 27 万左右的学生。这个大学位处墨西哥城的南面，开车在高速路上走很长的一段都是它，就像一座城市。再比如说阿根廷，历史上曾经获得过诺贝尔化学奖和医学奖。这些都说明科学研究是一个全人类的事情。

1.2）科学研究的实质

接着我们必须谈到科学研究的实质。一般来说，科学研究（Scientific research），就是寻找新知识（seek new knowledge）的过程。大家可能不以为然，因为我们做科研首先是为了国民经济的发展，生产力的提高。其实不一定是这样。很多情况下，甚至在大多数情况下，我们人类历史上的科学研究成果并没有用来推动生产发展。甚至有几百年前的科学研究成果，迄今为止，与我们的生产力没有什么关系。举一个很简单的例子，就是哥白尼，波兰天文学家。他发现地球并非宇宙的中心，太阳才是。地球是绕着太阳转的，也就是"日心说"。这是人类历史上非常重大的一个发现，即地球不是世界的中心，太阳才是宇宙的中心，地球绕着太阳转。如果你列举几个人类历史上最重大的发现，"日心说"必然是其中之一。虽然它间接地引起了社会的变革，但是"日心说"不仅是在当时，甚至是对我们现在而言，都对生产发展没有直接的影响。马路上汽车照样跑，火车照样开，飞机照样飞，没有任何差别。唯一有差别的地方，那就是宇航局或者是天文台，对他们来说这个有差别。那么这个东西既然到今天还是对我们没什么"用"，在当时来讲绝对没有任何"用"处。甚至对制定天文历法也没多大影响。所以说在绝大部分的地方它没有任何用。但是所有的人都不得不承认这个哥白尼的日心说是人类历史上的一个非常重大的科学发现。因此从这个角度讲，新的知识，也就是科学研究的成果并不一定要有什么"用"。

而且在很多情况下，科学研究出来的负结果（negative results），即它告诉你"不是什么"，而非"是什么"，更为重要。因为它可以让我们避免错误，甚至避免被毁灭。比如一个小孩子在成长过程中，父母跟他说不要玩火，小家伙一般不愿意听。等到哪一天他不小心被烫到，自此之后，他恐怕再也不会犯同样的错误。这个例子中，"火会烫伤，不能玩火"对小家伙来讲是个新的知识，但是一个负面的知识。然而这个负面知识的重要程度远超过了一些正面的知识。对于全人类而言，新的知识尤其是负面的知识，往往更为重要。如果你能把这些贯彻到科研中，就会发现，有时候负面的知识，往往比正面的知识还要关键。你可能会不认同，觉得自己看的文章都是发现什么"有用"，但实际上这是个很狭隘的认识。所以我们完全可以说，"科学研究的目的，和主要内容就是，发现新知识。"而且并不全是为了新的应用，更不全是新的生产力。大家通常说有"什么用"，和"怎么用"，与科学研究本身没有任何关系。科学研究要应用是之后的事，而科学研究本身就是为了发现新知识。

曾经有个学生，在国内著名大学读的本科和硕士，期间也发表了一些文章，然后到海外读博士。曾信心满满地说，我要做出 3 到 5 种新的东西，每种都要比之前的性能参数好。我说，即便你做出 10 种性能越来越好的材料，也不一定能让你拿 PhD 学位。因为麦克马斯特大学(McMaster University)博士学位有最起码的要求，就是要有"新的知识"。在 PhD 学位答辩的那一天，会有其他院系的老师参加，比如医学院、文学院。他们并不一定懂你专业上的东西，但是大家都会问最基本的问题—你的研究有没有发现"新的知识"。他说新材料怎么不是新的知识呢？我说你合成的新材料不一定代表新的知识。你只有搞清了这种材料为什么会这样，哪怕是之前就有的，但是人家并不知道为什么它会这样，你就发现了"新的知识"，即便你一个新材料都没有做出来。

对于各位老师同学来讲，尤其是工学院的老师同学，这可能是非常不容易接受的观念。其实，在其他国家的大学，比如麻省理工学院，加州理工学院，你可以观察他们的教授发表文章在哪些杂志上。当然有一般的工程杂志，但是大部分还是在科学杂志上，也就是 SCI 杂志。他们所研究的问题绝大多数是科学问题。只有这样，才能够把学术水准做上去。后面还会提到，大学工学院的首要目标是什么，不是工程研究，而是科学研究。也就是说应该研究科学问题，也就是发现新的知识。当然你的目标是应用，你和理学院，和其它做基础科学研究的不一样，你做的是针对应用型的科学研究。但是你最大的目标还是科学问题，只有这样才可能达到世界水准。

比方说，如果这儿市中心要造一座桥，或者在你们校园里要造一座桥，可能碰到很多问题。你把这些问题解决了，通过你的研究。不管你经过多少困难与挑战，它的意义通常只限于这个校园或只限于这个城市。这座桥对于在座的各位或者城市的居民可是大大的"有用"。要不然也不会花那么多钱去造这个桥。但是对于城市之外的，对于全国，甚至全世界不会有什么大的影响。不要说投到一个 SCI 的杂志，你投到 EI 杂志都不会入选，最多登在本地的报纸上。这就是为什么需要强调，新的知识必须对于全人类来讲是新的，越是这样，它的意义就越重大，就越具有普遍性。因此可以更进一步地说，科学研究的唯一目的就是寻找新的知识；而新的知识并不是一定要有直接的应用。回想一下，我们中华文明号称 5000 年，不是一向说是天"圆"地"方"吗？后来传教士过来，才说到地球是个圆的。大家去看看中学的或者科普的书，古希腊人不但知道地球是个球，而且他们算出了地球的直径，跟今天我们知道的数字相差并不远。在这里无意贬低我们自己的老祖宗，只是想强调科学的种子没有落到我们中华民族的头上，这虽是我们的不幸，但全世界绝大部分民族也是如此的命运。所以我们到了今天没有别的出路，就是向别人学。不但要学各种各样的技术，引进各种各样的果子，还要引进那些树，引进那些根，更要引进那些土壤。所以各位一定要埋下这个种子。将来不管做什么，你要成为一个生活在 21 世纪的现代人，要有科学素养。必须了解科学的起源，科学在哪里出现跟发扬光大，更要了解科学研究的本来目的。

1.3）新知识的传播

前面说到科学研究是为了发现新的知识。既然是"新"，那一定是对全人类来讲是新的，也就是要在世界范围内作判断，而非局限在国内。那怎样才算是通过科学研究，发现了新知识呢？这一点大家都应该很清楚，就是把结果发表在同行评议的科学杂志上。注意前面的定语—"同行评议"的（Peer reviewed scientific journals）。当然，说起这些大家一定会联想到"引用率/影响因子"（citations/ impact factors=IF）等指标。其实 IF（JCR）是从 1991 年才开始算计的，尽管 citations 已经统计了几十年。虽然这几年都有汤森路透预测的诺贝尔奖。其实它和诺贝尔奖没什么关系，今年（2017）诺贝尔奖尤其是如此。所以这是一个连带着的问题：到底什么才算是真正的"新"。

相信很多人已经开始意识到这个问题了。一位美国的华人科学家，看了今年的诺贝尔奖以后，作了一些评论。讲到今年的诺贝尔化学奖成果，就是冷冻电子显微镜。因为电子有质量，它对于那些生命物质有损伤，所以要把样品冻起来。然而这些人在七八十年代开始做这些东西的时候，很少能发表到所谓"CNS"杂志上。这个诺贝尔奖的引文大概有七八十篇，最早的文献根本不在"自然"和"科学"上，而是些专业杂志。当然现在这个方法已经变成一个潮流。从国外引进的某些"牛人"，就在国内拿着这个方法重复用在各类样品上。这位华人科学家说，他惊奇地发现我们国家"拼命地跟风做结构，发遍了各大高档杂志，但是诺贝尔奖的七八十篇引文竟没有一篇是他们的。"我们国家发表了那么多"高端"的文章，竟然没有一篇被诺贝尔奖引用进去。原因是，诺贝尔奖委员会的观念非常清楚：人家在形成这个"paradigm"（范式）的时候，你没去参与，等到形成潮流之后，你再拿着它到处去做，就没有太大的原创性，也就是"不新"。

除同行评议杂志之外，还要提一下科学会议（Scientific Conferences），也是个传播新知识的重要场合。其实这两点是有联系的。现在有很多规模庞大的会议，比如美国物理协会（American Physical Society, APS），美国化学会（American Chemical Society, ACS）和美国材料研究学会（Materials Research Society, MRS）的年会等等，这些会议现在都是接近万人及以上的规模。虽然会议在美国，但是全世界范围内的人都会去参加。在这里，要特别介绍一下戈登会议（Gordon Research Conferences, GRC），一般认为这个会议相对于其它科学会议是比较"高级"的，所以在此多说几句。这个会议最主要的特点就是范围比较小，每个会议一般不会超过一百人，当然主题也比较窄。这样的主题怎么开始呢？一般是由这个领域的"领军人物"出面去组织的。刚开始这几个人凑在一起。再看还有没有别的人在这个领域做得较好。如经常看到某人的文章，那么大家互相联络一下。最后这些人组成一个委员会，向GRC申请，把这个主题拟出来。经过审核批准后，一般是两个人作为正副主席来主持这个会议。最主要的目的，或者任务是，要保证这一百个人，把这个领域的方方面面的活跃分子都包括在内。如果常常漏了许多，那么下一次这个主题就有可能被取消。这个会议一般两年一次。但是如果这个领域太活跃了，那就每年一次。现在GRC大概总共包括了四五百个这样的会议主题。它一般是邀请你参加。你也可以自己申请，如果他们觉得你根本没做出来什么成果，那你也可以来做听众。研究生是欢迎的，当然一般是导师带着参加。

每个会议一般举行一个星期。一般规定是每天上午一次，晚上一次分会（session）。整个下午没有 session，而且同时只能有一个 session。不像美国物理年会，同时有 30 个；美国化学年会，同时有 40 个；美国材料年会，同时有七八十个。你不知道要跑哪个会场，同一时间有七八十个房间在做报告。同一主题的戈登会议只有一个，所以它只要一个教室就够了。那么除了上午跟晚上两个 session 之外，下午干什么呢？大家喝酒聊天，就是要让你们互相都熟悉起来。要尽量使得会议里面每一个人都认识每一个人，而且鼓励大家喝酒。而且它那个会议不能赚钱，所以会费就相对较低。

刚才说了戈登会议主要是邀请人来参加，那么邀请谁呢？很简单，你只要看看今年或者过去两年来在这个领域，有谁的成果发到本领域顶级杂志上，肯定会被邀请。研究生一般不会被邀请，但是有名的导师，一般也希望你带研究生来，因为你的研究生将来很可能也是这个领域的有名教授。还有一点，除了这个做得好的人，发表了好文章的人之外，还应该请杂志的主编。这个也很重要，虽然理由不太能够放在桌面上，但是这些人是掌握"生杀大权"的人。所以戈登会议对于年轻教授来讲，是一个最好的场合。所以若有新教授问我有何建议，我就说你去参加这个会。你进去了以后，你马上就会发现你这个领域里面的领军人物都在。没有什么比面对面交流更好的渠道。你平时挖空心思写了一篇文章送出去，可能一句话就把你打回了。你现在跟他们面对面坐，他至少认识了你，他知道有你这么个人。你就可以与掌握你"生杀大权"的人当面交流。

现在大家越来越认识到这一点，GRC 变的非常难进。以前看到国内大部分学校，派老师和同学到美国物理年会去做个报告。其实这很一般。你只要投稿，只要在 deadline 之前，都会给你作这个报告。GRC 则不同，你做助理教授或者副教授的时候申请参加，他们还是愿意的，因为要留一定的比例给青年人。当然这时可能还没有资格作邀请报告。但去了以后，第一次作为旁听者，第二次说不定可以做一个 discussion leader，第三次说不定你已经做出了一个很好的成果，可以给你一个 invited speaker。一般认为 GRC 的 invited speaker 可以作为一个荣誉。其他的会议，比如去美国物理年会做报告，大家会觉得很平常。

那么对于工学院的人怎么办呢？其实你仔细去看，GRC 除了有很多是生命科学方面的东西，它也有很多工程类主题。像化工之类的，像食品之类的，它都有涉及，都可以找到对口的主题。机械方面不单是包括了传统的课题，像传热之类的一定会涉及。有些东西不算太新，但是也需要维持。另一方面，你若想找某领域的"前沿"，你只要看看 GRC，它有一个副标题就叫 scientific research frontier，也即科学研究的前沿，所以这是一个非常重要的舞台。

那么说到这儿，还要稍微再扩展一下。GRC 邀请的一般是这个领域的"领军人物"，当然这个领域是已经形成了的。一般都已有了几年。它不大可能包括昨天或者这一两年内刚刚开始形成，小范围的主题。这时你要想申请，一般不会被接受，还要等一等看一看。这种情况下大家就自己去组织会议。实际上在美国，在加拿大组织"世界性"科学会议是一个家常便饭的事。比如我的系里就有老师做这个事情。不管怎么说，我的意思是除了这个 GRC，还有一大批"类似于"GRC 的会议。那么怎么作一个判别呢？那就要看被邀请的人了。比方说有会议邀请你，一看没有认识的，该领域的"领军人物"，这样的会不去也罢，等等。

所以大学里几乎所有的前沿领域，我是指理工医类的，一般都可以在 GRC 中找到，或者"类似于"GRC 这样的会议里找到。参加了这种会议，就可以说是"没吃过猪肉也见过了猪跑"。这个话虽然不太好听，但是这个道理大家都能明白。到了那一天你就会发现这个领域里的人在想什么，在做什么，在讨论什么。顺便提一下，假如你想去参加这个会议，你只作一个旁观者，比方说你是一个助理教授或者资格比较浅的导师，还没有出过重大的成果。但是你在这个领域已经耕耘了不少年，那你要自己去写 Email，而且要趁早。你可以跟他说我要带一两个学生来参加。你虽然作为一个名不见经传的老师，但 GRC 规定要给年轻人一些机会。顺便说一下，GRC 的分会主席不叫 session chair，而叫 discussion leader。可见它强调的就是要讨论，讨论的越激烈越好，这也给大家一个启发，是什么呢？你要想让自己在这些全世界的"领军人物"面前脱颖而出，有一个办法就是积极参加讨论。不光要讨论，还要提出尖锐的问题。这其实是非常难的事情，尤其是别人在演讲你并不熟悉的内容，听了 45 分钟之后，你要能提一些非常尖锐的问题。你要让他觉得你很"sharp"，甚至于你的问题提到他答不出来。如果你能问出这样的问题，可以保证你会给人留下深刻印象。一星期中间有一天晚上是做 poster session，研究生都可以给 poster。若是做得很好，也会引起重视，下次会议将邀请你。总而言之，你要表现你自己，要脱颖而出的好办法，就是要提出非常尖锐的问题，才能显得出你的水准。当然是英语也是问题，但是你如果能够提出很尖锐的问题，哪怕是写在纸上，也会令人刮目相看，让世界了解你的工作。

1.4）区别科学问题与工程问题

总结上述内容，可以看到，科学研究是用来解决科学问题的，也就是用来发现新的知识。然而无论是我的学生，其他研究组的学生，还是我遇到的其他学生甚至老师，都无一例外地说，科学问题太难了，寻找科学问题太难了。其实不然。我那儿的学生们大多是这种情况：刚来就被告知，要自己寻找科学问题。接下来一段时间大都是一筹莫展。然而，最快的几个月，一般是一年半载。绝大部分同学会跟我说，"虽然当初一筹莫展，如今放眼望去，全是科学问题。"通过这些例子我们看到，科学问题到底难不难，关键看你有没有一个正确的认识。也就是说，你要有"科学问题"的基本判断。这也就是本书的最主要目的。据我观察，在一般做"应用研究"的机构呆的时间越长，写的"应用文章"越多，观念就越难改过来。往往会在表面上认同这些观点，觉得科学问题很重要。但是走着走着又会回到老的路子里去，没有办法走出原来那一套，就像在旋涡中转不出来了。比如说我在麦克马斯特大学接待过不少访问学者，一般一到两年。虽然他们很用功，一年基本都有一篇文章，但是在这一到两年的期间，大多并没有机会掌握如何寻找"科学问题"。这应该说是问题的根本。大家应该至少认识到，科学问题，往往是为了解决"为什么"，而不是去解决"怎么做"。这又涉及到两个侧面，一个是深入，一个是普遍。普遍是广度，就是涉及面更广。这些很难用一两个词描述，而需要在之后的章节作较为系统的讨论。

我们人类对智慧的崇高或者深入会有一种自然的崇拜，这就是我们区别于其他的生物的一个重大方面。所以我们人类文明才得以这样高速发展。只有极少数的人和地方是反过来的。即便如此，这些人和地方也要享受现代化带来的各种方便。即使北朝鲜这样的地方，还是有因特网，尽管他们的网与外部不联。我在北朝鲜时发现到处都是计算机，还要给你"显摆"：我们用的是最新的一款 Windows。可见连北朝鲜都不是反智的。所以这就说明人类的科学问题，才是最基本也最为重要的问题。从科学问题的解决，由此发现新知识，而这个"新"是对全人类的"新"，才是真正具有普遍意义的。

这里应该提到工程问题和科学问题的不同。最显著的一个区别就是，工程问题不存在一个唯一的解，而科学问题的答案是唯一的。比如说你要造一座桥，这是一个工程。当然，工程跟工程问题又是两个概念。虽然是工程，但如果没有任何问题，那就不构成工程问题，只是一个工程而已。如果这是一座与众不同的桥，带来了许多新问题。这就变成一个工程问题。但答案并不是唯一的，也就是说，可以有多种解决方案。而科学问题的答案却是唯一的。可能你会说，我所研究的科学问题，也可能有多种答案。那只能说明你这个问题还没研究透彻，还是处在模棱两可的境地。这个研究还要继续深入下去，这也就是科学研究的意义所在。否则，这个问题已经得到解决，你也就没有必要再研究下去了。如前所说，新的知识一定是对全人类来讲是新的，从来没有过的。你不能说这个东西是对我们国家或对某些地区来说是"新"的，你做的东西便是科学研究。这只能叫做"填补空白"。说不好听一点，叫做"reinventing the wheel"，即重新发明轮子。轮子据考证是五千年前就有了，最早似乎是在两河流域出现的，在出土文物中有人拿着长矛站在车子上的图案。而在古埃及也早就有战车。所以，重新发明轮子不能算作科研创新，尽管有许多人乐此不疲。

更进一步，我们会发现，工程问题在绝大多数情况下都连带着科学问题，不然只能更退一步算作技术问题或者工艺问题。当然，技术问题和工艺问题也很重要。比如说锂电池，一百多年前的人们就知道几乎所有的金属都能够发电，只要被氧化就可以做成电池。锂是最轻的金属，做成电池便于携带，但是化学上非常活泼，所以用来做电池就很危险。怎么把锂做成没有危险的电池，这是个工程问题。但是在解决的过程中，会遇到许多未知的东西，比方说什么情况下锂会发生化学反应，等等。有些可能不一定是定性的，而是定量的，这些就成了连带着的科学问题。当然，这些也需要在此后章节中进一步讨论。

此外，科学研究不是少数人的事情，而是全人类的一个共同事业，而且因为今后人工智能等发展，可以预见人类会越来越"闲"，会逐渐从体力劳动中解放出来。那么之后可以大量开拓的工作是什么呢？可以是学习与创新。而科学研究-寻找新知识，成为其中最重要的部分。

这里不得不提到另一件相关的事情，我们人类历史上总有一些非常容易满足的人，其中不乏站在高处的学者。在 19 世纪末，有一种论调认为人类已经掌握了物理学的几乎全部知识，认为后代们只需做些修修补补的工作就可以了。但是随后量子力学的出现，一下子打破了平静，让人们明白了自己只是掌握了物理学的一小部分，还有很多未知领域等着我们去探寻。之后经过一百年的发展，到千禧年左右，又有人提出，我们已经解决绝大部分科学问题，"自信"的程度令人匪夷所思。在 2005 年，庆祝 Science 创刊 125 周年之际，该杂志社收集了 125 个最具挑战性的科学问题。这些问题明确地显示了人类还很"无知"。其中涉及人类的起源，生命科学，天文地理都有。理工科各领域大概也有十几个问题。125 个问题里面还有六个是数学问题。虽然这些问题都很大，跟我们的日常生活却没有太直接的关系。但这些标志着我们认知的进展，以及人类文明的进步。

　　反过来讲，如果在应用研究当中，阴差阳错遇到了一个类似于这样的科学问题，尽管这个问题的解决跟应用的成功没有太大的联系，这个时候就不应该功利主义，而放弃科学问题的研究。费马大定理（猜想）的证明就是个例子。费马猜想被怀尔斯在 90 年代中期彻底证明，被认为是 20 世纪人类最伟大的进步之一。费马大定理看起来很简单，是一名法国"业余"数学家提出来的。与勾股定理相似，A 平方加 B 平方等于 C 平方， A、B、C 都可以为整数。但是如果平方变成三次方四次方五次方，一直到任何整数次方，ABC 有没有整数解呢？猜测是完全没有整数解。表面上这个问题太简单了，小学生都能理解。但是居然一连350 多年没被解决。怀尔斯在十岁的时候，到图书馆看书，就被费马大定理所吸引，然后下决心一定要完成这个人类的巨大挑战。怀尔斯虽然是普林斯顿大学的教授，却花了七年时间躲在自己家的阁楼上，去证明一个表面上跟费马大定理并不相干的猜想，但两者在数学上相联。当然中间的连接是经过好几个人的努力完成的。而这个猜想本身，则是 50年代由两个日本小伙子，在战后的废墟上作出来的。在 1994 年剑桥召开的又一届国际数学大会上，怀尔斯向全世界宣告，这个近 360 年的问题终于得到了解决。尽管他在文章最终发表的时候已经超过了四十岁，无法获得菲尔兹奖。但是他的丰功伟绩被拍成了电影。很显然，越是长时间没有解决的问题，越是重大。所以如果各位在解决工程问题时，发现了一个相关的科学问题的时候，不要放弃。更不要觉得，这个东西做了对我没用。你一辈子只要做这样一件事情，已经为人类做出了重大贡献。因为科学问题解决给人类所带来的影响往往是无可比拟的。

1.5）科学研究是崇高的事业

人们常说，工程师做一千桩事情，中间失败了一桩，很可能因此背负罪责；而科学家试验了一千次都失败了，第一千零一次成功了，有可能获得莫大荣誉。为什么差别会如此之大呢？就是因为科学家从事的事业，是产生新的知识，而这个知识无论有没有用，无论跟我们实际的生活相差多远，只要它是新的，那你就是一个真正的科学家，一个为人类文明做出了贡献的人。

然而很多人觉得人的一辈子最重要的是钱。钱当然是重要的，但钱在大部分情况下只是一个数字，尤其是当人类"赚"的钱远远超过物质所对应的数量之时。事实上，我们人类的 GDP 总数在不断上升，而且人口的增长与 GDP 的增长不是同步的。要不然人均 GDP 永远不会变，实际上我们人均 GDP 也在不断增长。就拿国内来说，大概是八十年代的时候，说我们要建设小康。年人均一千美元。从 50 年代大概只有一百美元一年，现在已经快到一万了。发达国家里，美国是 5 万多，加拿大四万多，英国四万，法国三万，日本是 3 万多美元。他们的购买力都差不多。不像国内，虽然人均 GDP 是 1 万，但是我们的购买力可能有两万。但这个人均 GDP 的增长意味着什么？难道就是房子越来越贵？当然不可能永远靠房子来增长。那么剩下的是什么？汽车、电器，就是各种的生活方便。无论如何，最发达国家的人均 GDP 也不超过穷国的数十倍，但远远不如今天世界少数人所拥有"天文数字"的财富。由此可见，当财富远远超过生活需求时，对个人来说只能是一个数字，哪怕是生活在最发达的地方。即便是精神需求，比如周游世界。但即使走遍全世界，也花不了太多的钱。因此，当今人类很大的一部分财富，往往被用来推动文明的进步，或创造新的文明。比方说，探测外太空。也就是说，人类除了要满足基本的需求之外，比如物质，精神需求等，还会有较高层次的追求，例如要给世界创造一些新东西。在这方面当然有很多选择，但其中最具有深远意义的就是发现新的知识。许多现成的例子摆在那里：牛顿发现的知识已经 300 多年了，不但现在人人都要学，一万年以后还会是这样。这更说明发现新知识的意义重大。

2. 科学问题的界定与判据

　　如前所说，科学问题的解决产生新的知识。接下来就系统地理一理科学研究的过程，以及科学问题的来源。

2.1）科学问题从哪来？

　　首先，作为研究的主题，工程问题也好，科学问题也好，是从哪来的呢？可以从生活实践中来。比如有人腿摔断了，要康复，就从中发现了一个之前没有遇到过的新问题。这种情况很少。而大部分情况下，问题是从文献中找出来的。这是因为实际中的问题在绝大部分情况下并非科学问题。而是工程或者技术问题，甚至是经济问题，社会问题。像糖尿病人无损测血糖，这并不直接是一个医学问题。只是因为病人被扎针产生一定的痛苦，所以几乎成为一个社会问题。对于大部分的理工科学校和研究所的研究者来说，都是从看文献得知，有这么一个严重的挑战存在。而且在文献中往往已经提炼出了相关的科学问题。之后通过科研文献广为传播，成为一个个科学研究的目标。

　　我们知道，一般科学研究分成两大类，一个叫做探索性的研究(Exploratory)，一个叫做假说驱使的研究(Hypothesis driven)。如果你申请科研基金，特别是在西方国家，这个是不言而喻的，这一写出来大家都知道。目前大部分的科学研究是属于假说型的。这是因为在绝大部分情况下，你的课题必定有很多前人的工作，你所面临的必定是前人遗留下来的问题。你不能说，某医院有一个需求，我就把它当作一个研究课题来做。这里有一个非常大的漏洞，什么漏洞呢？就是某医院提出的问题很可能早就有了答案。你根本不需要花钱，或申请钱去做这个研究。很多问题的答案在文献当中早就有了，这也就是文献的作用。且不说现在可以用网络这么方便，之前没有这些网络的时候，大家也可以利用图书馆，资料室。不光是这些文献本身，甚至于这些文献被引用的情况，也一直在被积累着。

我们现在已知的最早的文献，似乎是来自于几百年前。我们学校的图书馆，最老的杂志是 17××年的。以前有人从外面来参观，就带他们到图书馆书架旁"显摆"一下，你看我们这个大学历史如何悠久。这一切不是用来唬人的，而是要让你"站到巨人的肩上"。国内教育出来的同学都知道这句话是什么意思。好像是以前牛顿说过的，他觉得只是站到了巨人的肩上。这是他谦虚，其实牛顿之前并没有太多的巨人，这个大家都知道。所以对我们来讲，你从医院也好，工厂也好，具体的问题拿过来，很可能是一个"伪问题"。尽管有时候这个问题国内找不到答案，国内都不知道怎么做。那国外呢？甚至可能到了美国，也找不到答案。但是文献里早就有了，因为可能这个东西大家早已不用，已经过时了。这种事情经常发生。一些化工厂早就没了，转到了印度或者其他地方。你现在问大家怎么回事，没有人知道。这不要紧，我们有文献记载。

说到文献，稍微说几句题外话，大家知道世界上有几千种语言，被分成很多种类。大的划分之下包括，比如汉藏语系，闪含语系及印欧语系。后者又含有拉丁语族，包括法语西班牙语意大利语，又有 Germanic 语族，就是德语英语等等。还有斯拉夫语族，包括许多东欧的语言。文字则是另外一回事，种类可能要少一些。更有意思的是，佛教虽然产生在印度，它第一次被记成文字并不是在印度。因为那地方好长时间并无文字。所以文字是人类文明中最重要的一部分。再稍微说远一点，我们出去旅游，很多人喜欢看古迹。一般来说，断墙残壁不如那些有图案的，而有图案的则不如雕塑。像古希腊的那些精美雕塑就不用说了。但是所有这一切都不如有文字的， 因为这里面包含的信息要多得多。所以西方文物当中最有意思的应该就是那块古埃及的，刻有三种文字对照的石头。所以文字哪怕是已经过了时的，大家都忘记了的东西，都可以让人随时重新了解，传承下去。

所以要开始做研究之前，不管是工程研究也好，科学研究也好，首先要知道前人做了什么。换句话说，用一个比较形象的词，就是你要知道我们的"前沿"在哪。假设这是一个知识的海洋，我们人类所知道的所有东西不过是其中的一个岛。但是问题是这个岛的边界，也即陆地跟海水之间的界限往往不是很清楚。我们要走到它的前沿， 从岛的中间开始，犹如从小学开始，然后慢慢向边缘走，到中学大学。到了大学之外，每一个学科都变得非常的复杂，枝枝权权绕来绕去。但是无论如何你得知道这个知识的前沿究竟在哪。

举一个例子，例如汽车里的传动机构，英文叫 transmission，中文名叫变速箱。最早都是用普通齿轮变速，加一个操纵杆拨来拨去，一档二档，这个大家都知道。然后 90 年前有人开始发展液压控制系统，就是自动档。之后汽车驾驶变的很容易。比较高级的车子现在自动挡可以有八档，它又可以省油。因为它有很多 over drive 档。前些年有了另外一个全新的系统，里面有一个直径从大到小的锥形的东西。然后加上一条传动链。它跟之前完全不一样，像是一种无级变速。到了这个时候，之前那些东西就不再需要。但是你还是要作充分的了解，哪怕是这么一个很直截了当，非常容易明白的机械装置。又比如说半导体器件，你就必须从能带，p-n 结开始了解器件的理论基础，然后从最简单二极管，到三极管，场效应管，都要了解。不然的话，你怎么知道边界在哪儿？所以"站到巨人的肩上"，这是无论如何强调都不为过的，因为这就是你做研究的出发点。

2.2）要看多少篇文献？

常常听到有人问，一个研究生开题之前应该看多少文献。答案往往是 10 篇，20 篇。曾在某个名牌大学旁听过博士开题报告，然后问了两个问题：第一，你这个专题，大概一共有多少文献？第二，你看了多少篇文献。第一个问题，这位同学答不出来，他不知道有多少文献。第二个问题的回答是，大概 20 篇。又问道，这 20 篇文献拿到手里，你是不是能告诉我每一篇都说了什么？这样一来，他改口说总共才看了 11 篇左右。这显然是远远不够的。那么到底要看多少篇？有这么一个典型的例子：90 年代初有个学生，他对刚出现的有机发光器件非常感兴趣。但是他之前本科学的是机械工程，所以他需要补本科的基础课程。大概两三个月后，有一天他拿了一张写得满满的纸给我看：这个有机发光器件从头到现在，一共是 300 多篇文献。这些文献当中，百分之多少主要在什么杂志上，什么杂志占了多少比例。然后又告诉我这 300 多篇文章哪些文章主要讲的是什么，哪些集中在哪些方面。比方说有的要研究它的发光效率，有的主要是在研究颜色的变化等等。一共才两三个月的时间，期间他还在补基础课。这就是一个很好的榜样。大家可能会觉得这是一个天才，是一个很难得的人。的确，他现在加拿大一个大学当教授。但其他的学生也不赖。曾经有一个学生做燃料电池的储氢工作，两年期间复印的文献叠了很高的一摞，扛都扛不动。而最近有位学生是从今年

1月份才来的，经过9个月后就已看了大概500篇左右与他课题相关的文献。与此同时，他那些师兄师弟在做别的题目，跟他的没有太大关系。但是他为了能与师兄师弟讨论，也"顺便"把其他人所做方向的文献也浏览了100多篇。所以说你若不怎么愿意看文献，那就不要做科研。看文献是非常必要的。也就是这个原因，有的大学请我去讲讲怎么看文献。若说1分钟就可以看完一篇文献，他们觉得不可思议，这一定不可能。经过一个星期的讲座（见附录2），虽然没有直接研讨怎么看文献，但通过怎么写论文的分析，不要说1分钟，30秒就足够把一篇文献最精华的内容抓出来了。所有这一切并不是说，让你看几百篇文献，这两三年里面别的都不用干了。当然你要花一定的时间。以前我自己读研究生的时候，周末一般都在学校，在实验室。当然也不一定要人人都这样。曾经有过一个非常好的学生，哈工大本科毕业。他在我那里读了一个博士，写了许多好论文。他那个时候已经有家有口，带着小孩经常在外面踢球。但是他做事情非常有效率，所以这一切不应该成为问题。

　　所以要爬上巨人的肩膀，先要查找文献。如今查看很多文献当然比以前容易很多。搜索关键词，搜到了一篇。这篇文章又可以为你找出很多新的关键词。关键词也可以变一变，因为有可能别人不是这么用的。用其他的单词，一下又可以搜到许多篇。这种情况很多。总而言之，你顺着杆爬，不要放弃，和其他人商量一下，甚至于打个电话问问，这些都很容易。反正这么多年从来没有听到有人跟我说，他这个领域从来没有什么文献。相反，文献永远多到看不完。还有另外一种情况，就是提出了新的方向以后，你就得确认好。跟其他人的不同在哪儿，边界在哪儿。有这些的话就让人放心了。如果他的回答是，"没有搜到"。"没有发现之前有这方面的报道，所以我打算要这样做"。这可能吗？若不确定，这个事情就搞得不清不楚。"没有人做过"，你怎么知道没有。或者说，虽然没有人做过，但有它的道理，你有没有把它的道理找出来。所以文献无论如何强调都不为过。它不是最重要的东西，但它是一个起始的东西。之前说 20 篇文献变 11 篇的例子，这种情况现在很常见。尽管我发现国内的那些数据库比国外还要全。

另外，看文献不光是导师的事情。这道理很简单，如果想像一个导师有七八个学生，听说最多的有几十个，而且每个人做的都不一样。当然，若只是"炒菜"，就一个主题，大家分别去炒，你加酱油他加醋，那读文献就变成很轻松的一件事。但是这种事情做得太多，就会被人瞧不起。这仅仅是一个工匠，甚至工匠都不如。老是跟着人家后面炒，怎么谈创新？

2.3）重复前人的工作

总之，第一步，在"假说驱动"的科学研究开始前，一定要把之前的问题弄清楚，为了弄清楚就要反复地看文献。科学研究是这样，工程研究也是这样。比如某个东西处在已知的最前沿，那你自己就要先到达离它最近的地方，并且试图再向前迈出一步。什么是最近？这就需要看文献。接着要走第二步，也就是要重复 initial observations。这个是别人曾经到达的地方，这个大家已经知道的。但这也就是你的出发点。这个在科学问题上比较明显，在工程问题上不那么明显。但是工程问题往往连带着科学问题。也就是说，你在科学问题上一定要先重复前人的工作。请注意这里用的词是观察 observation，而不是设计 design，设计往往是用已知的东西做一些艺术性的拓展。当然，在应用的领域中强调设计很正常，因为要赚钱，要设计新的产品。但是请不要忘记，这里的目的是产生新的知识，解决科学问题，将人类的知识向外扩展。所以你一定要重复，并确认前人的工作。

举一个例子，有机太阳电池的效率一直到现在还都是科研热点，因为这里也有不少人在做。大概前些年做到了 10%左右，这是一个主要的目标。若你要开始进入这个领域，那你当然先要重复之前最好的。假如你仅仅做到百分之一，百分之二，然后在这上面做文章，说你加了"醋"以后它"翻了一番，增加了百分之一百"。什么的百分之一百？百分之一的百分之一百。但你的工作中并没有重复之前最好的。你就声称提高了百分之一百，这个文章很可能被打回来。因为你根本就没有到达前沿。没到过前线的军队能申请战功吗？又比如钙钛矿太阳电池的研究现在很热门，它的最好的效率可达 20+%。正因为这样，所以一下子引起了轰动。因为钙钛矿是无机的东西，里面加了有机的东西，这是很有意思的一个系统。但它的主要问题在于稳定性很差。假如你现在要研究钙钛矿太阳电池，你也需要重复人家之前的工作。如果你只做到3%的效率，那说明你根本就没有掌握前人工作的方方面面，你根本没有走到这个前沿。之所以要做第二步，就是因为第一步读文献只是纸上谈兵。不要说是做实验研究，哪怕只是做理论研究，也必须要把前沿的，纸面之外的东西好好的弄清楚。

我们之前就有这样的具体例子。曾经做过一个比较有意思的工作。一共做了四年之后才取得突破，把这个长期悬而未决的问题从这里开始得到解决。但是回想一下，前三年主要都是在重复前人的工作。为了理解前人工作的方方面面，为什么是这样而不是那样等等。倒不是一开始就碰到了很大的难关，而是我们没有注意到，原来这个问题有很多侧面，我们只重复了那些主要的方面的实验。当时认为我们已经清楚这是怎么回事，然后就开始作各种假说。直到第三年时才发现原来该问题还有一些侧面，但是我们之前没有做实验。我们也许已经观察到过，但是脑子里没有这个概念，也就没有注意。直到那一天，我们一旦重复实验成功，这个问题就被打开了一个缺口，很快就解决了。所以这上面的每一步都是至关重要的，也就是说这是一个范式。你如果不按照它做，我可以毫不犹豫地说，你做的很可能不是科学研究。

2.4）科学问题的判据

接下来第三步，就是找出科学问题（scientific problem），这个问题的重要性不言而喻。经常有同学跟我说，你能不能帮我们找到科学问题。简单的回答是，不能，你得自己找，因为这是科学研究的最主要部分。但这并不妨碍我们在此作一些策略上的讨论，主要是根据我个人的一些观察。先要声明的是，现今还找不到一本书，或一个权威，能给人一个方法，或下一个定义，去找科学问题。如果有，肯定早就已经传遍全世界了。甚至可以说，如果找一万个人，对这个问题会有一万种不同的回答，因为这个问题的确是一个很难界定的。所以我们只能通过建立几个具有可操作性的判据，以便大家可以界定是否找到了科学问题。除此之外，我们还可利用之前讨论过的一条原则，即科学问题答案是唯一的，而工程问题可以有多个答案。新的答案一定是被确认了以后的事，若还没有确定就不能这么说。或者说这只是一种猜想，或是一种可能。那么，有哪些可操作的判据呢？

2.4. 1）判据之一：极端尺度

第一个判据是"极端尺度"（scale）。这个其实很好理解，比如你要研究化学合成中的科学问题，不能只在纳米或者微米的尺度上讨论，至少应该达到原子的尺度，这是最起码的。化学家新合成出的东西，怎么知道这是个啥结构呢？往往最后用 X 光做晶体分析，里面各个原子之间的结构必须搞得清清楚楚。但在生化领域，精度还到不了原子尺度。即使今年诺贝尔化学奖，冷冻电镜，也只有几个 Å。大家知道，原子才一个 Å 的大小，几个 Å 的分辨率怎么看得到原子。他们往往把核苷酸用一条"绸带"表示，绸带怎么能代表原子。所以对化学来说一定要是原子。但对于生化领域，到了几个 Å 的分辨率，也就算到了极端尺度。请注意分辨率并不是实物大小。若要看到某物像一个球，分辨率起码要到它的几分之一，否则你看到该物是"方"的而不是"圆"的。说了半天仅是空间尺度。还有时间尺度。比如说做超快光谱方面的课题，如果你仅仅做到纳秒级别，10^{-9} 秒，而大家都在做 10^{-15} 秒，即飞秒，或 10^{-18} 阿秒。那你就远远没有到达人类目前精度所能达到的尺度，你的所谓问题大部分情况下并不是科学问题，而是你在自说自话，或在浪费时间。对搞航空发动机的来说，那温度又是一个尺度。你说六七百度，那肯定不是极限。而钢铁要融化的温度或更高才是极端的温度。雷诺数也是个尺度。把高温，大雷诺数都凑在一起，就造成了一个更加极端的尺度。还有其他尺度，比方说电荷。当然这个早就知道了，电荷的最小单位是电子。一个电子是 1.6×10^{-19} 库伦，或者一个库伦相当于 6×10^{18} 个电子。这个尺度是 100 年前就知道的。但是现在不乏分数电荷方面的课题，比方说分母为奇数的分数。像三分之一，五分之三，七分之三的电子电荷等等，跟分数量子霍尔效应有关的。甚至新近出现的偶数分母的分数电荷的现象，当然更属于极端尺度了。

总而言之，这里举了几个例子告诉大家什么是极端的尺度。机械领域的空间和时间尺度也许到不了极端数值，但有另外一些尺度。比如高速运转或者磨损的次数也可以是一个尺度，不一定和频率有关。其中有一个概念，叫做"疲劳"。似乎是只管循环了多少次，而不顾频率。飞机的翅膀可能在不经意间掉下来，就往往是因为疲劳而提前断裂，尽管它的负荷远远低于它的设计强度。因此也可以有这样的尺度作为是否已到科学前沿的判断。总而言之，极端尺度，这是第一个判据。如果你所做的课题内容没有到达极端尺度，那很可能就不是一个科学问题，或者你离科学问题还很远。

2.4. 2）判据之二：矛盾冲突

第二个判据是包含矛盾或冲突（conflict）。这更清楚一点，常常看文献就可以发现。比如之前有个学生，发现文献中存在一个现象。这个现象非常奇怪，不符合常理。但更有意思的是，这个现象居然有两种完全不同的解释。这两种解释完全相反，不可调和。一种解释说这个现象是由于某变量升高而引起的，另外一种说是由于该变量降低而导致的。更令人拍案的是，文献里的这两帮人互不交叉。这边有一帮"粉丝"，全世界有几家大学，大家都按照这个解释，不断做新的实验来验证，扩展。另一边也是同样。互相最多偶尔作一点不痛不痒的评论。这是一个比较难得的情况。这就是一个显然的矛盾。但大部分情况下，我们不能明显地看到文献中的矛盾。那时就需要我们用脑子去分析，从中找出矛盾之处。

但是要做到这一点，首先不能容忍的是不求甚解，照本宣读。文献中说的事情你必须真正地了解，真正地明白，才能从中发现矛盾。如果你把它当成八股，光读和背诵是没有用的。这个跟学语言不一样，只要背诵出来就行了，就有语感。但是在科学研究问题上，一定要真正理解。如果只是人云亦云，那永远也找不到矛盾。就像哥白尼日心说的例子，大家可能觉得，这只不过是把太阳跟地球换一换。似乎很简单，说不定哥白尼就是碰巧了。其实不然，这里面有冲突。得仔细想一想，作些分析才能了解。

我们知道，不但地球是圆的，连天空中行星的运动也很早就被人类所观察并记录。稍作精细一点的分析就发现，如果把地球作为宇宙中心的话，大部分天体的轨道是"大圆套小圆"。当然这样的轨道模型在两三千年前没有什么问题，每个行星轨迹大圆套小圆，也许天意如此。但是到了十六世纪的时候，天文知识已经积累了很多，就有人觉得这没道理。而且这些轨道模型相互之间差别很大，没有什么规律支持他们为什么会如此不同。所以，在牛顿力学出现之前，这个矛盾已经被发现。现在我们更加清楚这是不可能的，因为牛顿力学告诉我们，轨道应该是圆或者是椭圆，不可能是大圆套小圆。所以这个矛盾往往需要人们去分析才能发现，而且绝大部分情况下是这样。刚才那个学生算是运气好，矛盾明明白白写在文献中。然而，当真运气这么好，你又会心里发毛：这个矛盾怎么明摆在那？这说明这个矛盾太大，太尖锐了。所以不得不明明白白地放出来。之所以心里发毛，是担心在一两年内能不能把它解决了。当然，这位学生最后运气不错算是做出了解答。也就是说，如果这个矛盾在文献里面明摆出来了，这个时候已经不可开交，而且往往变成一个"长期悬而未决"的问题，很可能在你有生之年都不能解决。这个时候怎么办？作为一个真正的科学家不应害怕，或退缩。应该迎着矛盾上。后面会提到，我们人类最大的敌人是恐惧，而恐惧来自你的内心。这并不是说有一个人比你高大，又拿着刀在威胁你，而是个人对未知的恐惧。

至此，有必要再补充说明一下如何读文献，这个是之前没有谈及的。看文献非常要留意的就是，千万不能像"读圣经"一样。曾经有过一个学生，他把一篇文献打印出来，先用淡颜色的马克笔划"重点"，划了以后发现还有更"重要"的，就用深颜色的，然后再用圆珠笔划细线，最后用红笔划得密密麻麻。这当然不是件坏事，但是他把这篇文献翻来覆去读，从字里行间看到着魔的程度。而且不断拿出这篇文章来说，从上下文里面"推测"应该是如何如何。这不是圣经，也不是毛主席语录。我估计原作者也就这么一说，他们说不清楚的唯一原因，就是因为他们说不清楚，他们要能说清楚，早就说清楚了不是吗？之所以出现这种情况，说明这其实就是个问题，这种情况比比皆是。在此之前也有学生，对那些文献中的某某如何如何简直是如数家珍。这当然是一个好事，说明你对文献很熟。但是你若对他们有一种近乎崇拜的，顶礼膜拜的心态话，你就永远看不到其中的"矛盾"。这个听起来有点极端，但很有道理。看文献应该是什么态度呢？"站"起来，把文献放在你"脚"下。不光是要批判地读，而且从心理上要有一种藐视的态度。你要觉得这帮人并不怎么样，说了半天不知道要说什么，让我来评判一下吧，这就对了。不要说什么二流三流的杂志，哪怕是一流顶尖的杂志，你也要这么看。你要善于从它的上下文看出它的无奈，它的那种想匆匆掩盖的心态，就对了。不这样做的话，不要说科学问题找不出来，首先矛盾就看不见。连带着很多其他东西都发现不了。这种事情经常发生。

顺便说道，现在的科学文献，不要说里面有很多水分，有很多错误，里面有很多是误导大家的东西。这些还不算太坏，"这东西很可能是这样，究竟如何大家看着办"。更糟糕的是，有许多是"斩钉截铁"、"铁板钉钉"。但若干年后，被发现与事实完全颠倒，有意无意地"欺骗"了人类那么多年。你说到了诺贝尔奖总不会错了吧？不一定。大家可以去查一查。曾有好事之徒，发现多达六七个诺贝尔奖搞错了，明显的一个例子就是 DDT。DDT 得诺贝尔奖是 1948 年的事，之后多年来发现 DDT 对人类的害处十分巨大，而因 DDT 获诺贝尔奖的老先生早已经过世。所以说，实践是检验真理的唯一标准，这类话在科学上严格来说，不一定准确。因为没有一个实践可以把一条"真理"全方位地检验一遍，更不要说科学在不断地发展，不断地前进。越往外走，这个"岛"越大，我们的前沿越长，我们所能接触到的未知越多。我们现在连我们什么不知道都还不知道。2500 年前的先贤就已经知道这个道理，到如今总不能往后退吧。所以大家要意识到，我们不是说现在知道多少，我们更多的是不知道我们还有什么不知道的东西。为此，科学文献一定要多多益善，几百上千篇都很正常。前阵子去一个大学访问，和那些青年教师坐下来聊天，就问大家 2 个问题。第一，各位的领域中，有那些主要的挑战？第二，文献看了多少？大部分人说几十篇，或者是，从读博士到做教授一共才看一百多篇。这就已经间接地展示了他们的科研水准。其实现在都可以在 SCI 上设置，你所关注的领域。它每出一篇新文章都可以 Email 给你。

　　说到这，也顺便回答了一个大家关心的问题，即为什么一般机械工程杂志的影响因子会比材料方面的低，尽管一般大学机械工程的教授数量是材料系的 2-3 倍，学生数也更多，杂志数目更不比材料的少。答案很简单，因为材料领域更多的是解决科学问题，而机械领域解决的主要是工程问题，甚至是技术问题。这就更进一步说明这里的要点，为什么要研究科学问题。尽管科学问题是很难，甚至连找到问题都不容易，为什么还要这样不厌其烦地做。若做很容易的项目，成功了写一篇文章。但这样不涉及到科学问题，不涉及到人类新的知识，不涉及到前沿，所以就没有普遍性，很难被再次引用。一个材料的问题，比方说涉及到界面，就成了一个很普遍的问题。因为它往往涉及到科学问题，而科学问题就具有普遍性。

2.4. 3）判据之三：为什么

第三个判据是找到为什么（why），而不是什么（what）或者是怎样（how）。"为什么"的内涵往往是找到其中的机理、机制。许多东西有它的机制，要搞清楚它的机制就要问为什么。曾经说过那个同学要做几个新材料。他若只知道怎么做，和做出来的是什么，是不行的。所以这也被拿来作为第 3 个正式的判据。这其实是一个很基本的判据，很容易理解。但是光有这个"为什么"还不够，所以要把另外两个判据放在前面。如果没有极端尺度，很难把它上升为一个科学问题，因为小孩子也可以有很多"为什么"。因此，我们必须要清楚，我们在谈论科学问题时，这个"为什么"的答案，必须是之前未知的。不能人家早就有了，你再折腾一遍，然后就把它作为一个科学问题。当然你也可以再找一些其他的判据，但这些是经过长时间观察思考得到的，比较实用的三个判据。拿着这些判据，就可以在读文献的时候，开始重复别人的观察的时候，尽量把科学问题提炼出来。有了科学问题以后再进一步的去研究，这才有可能作出科研创新。

2.5）工程问题连带科学问题

对于很多人来说，重要的一个问题就是，所做的到底是不是科学问题。刚才的几个判据算是给了一个操作上的方便。但是往往出发点是一些实际问题，所以还有必要进一步讨论科学问题与工程问题，技术问题，等等的关系。还是这句话，若问一万个人这样的问题，从刚进入科研的人到有名的学者，很可能会有一万种回答。你也找不到一本书说，这里有一个明确的定义。我们还是从之前提到过的原则出发：科学问题往往只有一个正确答案，因为这是一个新的知识。当你把这个问题弄清楚了，解决了，你就会成为一个出色的科学家。大家不要以为工程教授不同，工程教授得诺贝尔奖的也不少。这是第一点。第二点就是，工程问题往往连带着科学问题。刚才说工程问题跟科学问题不一样，工程问题往往是有很多种答案，那工程问题又怎么连带科学问题呢？一个明显的例子就是曼哈顿工程。曼哈顿工程是 40 年代，一些科学家请求爱因斯坦递信给罗斯福说，纳粹在研究原子弹，美国应该也搞原子弹。于是，费米等科学家开始研究原子弹的制造。他也是诺贝尔奖获得者，40 年代初已经做了原子能反应堆。再回顾一下曼哈顿工程为什么是一个工程问题，因为原子弹的原理无非是核裂变。铀，元素周期表末尾的重元素。它在受到中子轰击后会分裂，释放能量。更有趣的是，一个中子轰击一个铀，它同时又释放了 2-3 个中子。不光是分裂放出能量，还放出中子。一个变 2-3 个，那么这几个中子各自又带了能量。它们分别又可以打下几个铀原子，其中每个铀又可以继续分裂。这样下去，一变二，二变四，并根据这个规律按几何级数增长，这就是核裂变。这个核裂变是 30 年左右被发现的。怎么继续裂变下去已经知道了，怎么阻止它也知道了，到 42 年要开始干这件事的时候，所有的基本原理都已经知道了。但是谁也不知到底如何才能做成原子弹，所以这是一个工程问题。而在这个工程问题的解决过程中，又涉及到很多科学问题。首先，要多大的铀块才能做成原子弹呢？你说我先造小一点，不行再慢慢搞大，这显然不行。因为偶然的中子射进去你没办法控制。所以，很可能还没等搞清楚就已足够大而爆炸了。这个问题涉及到一个概念叫临界质量。质量多大的情况下可以使得链式反应继续进行下去形成原子弹，而多小的质量时候，四个轰击的中子有三个可能跑到外面去了，这样链式反应也就停止了。质量足够小的时候是没有问题，质量足够大的时候肯定会爆炸。到底界限在哪呢？这就是一个科学问题，具有唯一的答案。在德国一直到战争结束，似乎还没有找到路怎么去计算，因为量子力学的鼻祖之一，海森堡，他最后被盟军作为战俘关起来时，还没有得到正确的答案。

而另外一个问题，和铀的提炼有关。用于制造原子弹的铀是从铀矿中提取出来，挖出来的铀大部分是铀 238。这个铀 238 是稳定的，中子轰击它不会发生裂变反应。只有铀 235 和铀 233 可以。但是，铀 235 和铀 233 的自然丰度极低。也就是说，挖出来的矿里只有极小部分是铀 235 和铀 233。那么，挖出来后第一步就是提炼。你以为现在科技这么发达，什么提炼不出来，但是不行。因为它们的化学性质相同，都是 92 个质子，92 个电子。唯一的不同是原子量的差别，也即中子数不同。235 到 238 差了百分之一。当时解决的办法是用气体分子的平均自由程。大家知道空气里面分子在不断运动，每隔一段时间会发生碰撞，这个碰撞之间隔就是自由程。气体扩散自由程和质量是有点关系的。这个事情要解决就要先搞清楚这里的科学问题。不是在说固体吗，怎么又说到气体呢？固体没办法提取，最后只能把材料变成气体来解决。这就需要加热。当初用蒸发的方法，用巨大的能量和金钱来提炼这么一点小东西。所以，还是先要解决连带的科学问题。

从以上的例子可以看出，工程问题中往往联系着科学问题。如果这个工程问题中没有相关的科学问题，那么往往只是一个技术问题，甚至是一个工艺问题，效益问题。说到这儿我们清楚了，科学问题是高高在上的。曼哈顿工程中的科学问题显然是最重要的。至于如何界定科学问题？我们已经有了三个判据：极端尺度、有没有矛盾、及为什么。刚才说的临界质量问题，不但有太大或太小的矛盾，也肯定了其中有"为什么"。所以工程问题、科学问题和技术问题大概可以这样区别开来。于是可以联想到，很多人在做的是一些技术问题，甚至连"问题"都算不上。这个时候应该怎么办呢？应该尽量提取其中具有普遍意义的东西。甚至可以将它与其它领域的问题挂上钩。事实上也是这样，例如费马大定理的解决，在过程当中使用了一些抽象领域发展出来的新数学分支。这说明什么呢？这说明一个问题的解决往往带出很多新的东西。不止是新的问题，甚至还包括新的领域。所以做研究一定要深入，知识面要广。到了哪一天碰到了新的问题，就不至于"不识货"，不至于错过它。而是心里有这个概念，有这个印象。若你觉得无能为力，就可以向他人讨教。大学就有这个用处。把不同学院的人聚在一起，就是为了多学科的交流。在我们那儿，故意将工学院、理学院这些不同学院的人聚在一栋大楼里，物理教授办公室隔壁说不定就是化学系的。这就是要避免"隔行如隔山"，促进不同学科的科学家们相互交流。

2.6）有意栽花与无心插柳

我们做科学研究往往是这样：我们从科学问题 A 出发，做了若干年之后发现这个问题还未得到解决，但是某些结果却回答了科学问题 B，甚至科学问题 C。所以这个时候整个论文可以改写。把出发点完全改过来。当然你的毕业论文还是可以从 A 问题出发。但是你不能把投出去的论文写成有关科学问题 A 的论文，因为你并没有解决 A。你应该从头到尾去写科学问题 B。这种事按照中文的说法就是"有意栽花花不开，无心插柳柳成荫"。到了一定的时候，你甚至是在"有心地"插柳。所以科学问题虽然听起来很难，做起来更难，但同时它也有相对容易的一面，那就是它完全可以"改弦易辙"。你会说我申请基金时要做的是"栽花"，最后变成"柳成荫"了怎么办？没关系，哪个国家基金委都不会说你拿了钱，就一定只能做科学问题 A，而不能做科学问题 B。只要你解决了一个科学问题，一定是好事，管它是 A 还是 B 甚至是 C。

万一需要解释，就可以是这样一句话："有意栽花花不开，无心插柳柳成荫"。科学的发展就是这样的。在历史上有多少诺贝尔奖级的成果，甚至于诺贝尔奖出现之前那些重大的发现，几乎都是这样的。苹果砸到了牛顿的脑袋，按照有意栽花的说法，牛顿应该去研究苹果是熟了掉下来，还是风吹了掉下来，等等。总之应该研究苹果本身，至多研究苹果树。牛顿并没有这样做，反而去研究了万有引力，去研究了行星，地球，这不就是一个很好的例子吗？不管这个故事是真是假，但是从来没有人批评牛顿说，你不应该从苹果，转到地球及万有引力。万有引力当初是没有什么用，连万有引力的常数一直到 1789 年才被卡文迪许测出来。万有引力的公式是牛顿发现的，但是常数不是牛顿测出来的。想一想连这样的伟人都在干些有意栽花花不开的事情，所以基金委的人肯定没话说。有一年在美国能源部参与审核基金的时候，有个组的题目是燃料电池，目标是做成新的燃料电池的膜。但是他们在过程中发现了一个很奇怪的现象，就是纳米尺度上的渗透。审稿的时候就有人说，这个东西用在燃料电池似乎不行，但是在其他方面可能会很有意思，那我们应该批准基金，但是要叫他们不要局限在燃料电池。能源部的基金发放者，都有这个觉悟，都知道有意栽花花不开，无心插柳柳成荫。更不用说你发了好论文还会有更多的荣誉。大家谁会指责，某人发的文章都是无心插柳插出来？如此说来，科学研究又是太阳底下最辉煌的事。别的事情有可能碰到无路可走，比如"又要马儿跑，又要马儿不吃草"。最后的结果是马儿也死了，你也走不了。但是科学研究可以有各种意想不到的可能性。

2.7）"因神设庙"

很显然，科学问题要研究者自己去找。有时候问题不明显，矛盾也不明显。大家发表文章的时候，没人会说"我的问题很大，但我只敢走到这里，大家继续深入"。除非是一些"大家"写的，或是一些难得的综述。在原创性的文献中，极少有人会把问题摆出来让别人做。而且发表了的论文往往看起来完美无缺，天衣无缝。就像之前说的那个同学，这些文献看上去就像圣经，让人只想顶礼膜拜，怎么还可能鸡蛋里挑骨头？要知道，矛盾和问题往往不明显，这个时候能站在前沿的话就很有用。做出来新东西之后，回过头看，哪一块是真正新的。那么它回答了什么问题？这种做法就是"因神设庙"。一般情况下是先把庙造好了，再请一尊菩萨进来。现在是反过来，你先请到了一尊菩萨—你得到了一个新结果，你可以根据尺寸重新造一座庙，再把菩萨请进去—把该结果所回答的问题找出来。这句话听起来很容易，但是实际要做到这一点，还是不容易，大多数人的心里没有概念。这些东西需要一而再，再而三地经历，这样潜意识里才会照着做。否则永远是在解决一些所谓的"实际问题"，而联系不到"科学问题"。例如，某个方法可以提高处理化学品的选择性。这个选择性如果是一个未知的东西，而你已经通过研究得到了答案，针对这个答案即可"因神设庙"。又可以继续深入，选择性是一个科学问题吗？选择性本身不是一个科学问题，因为三个判据并不满足。"选择性不足"，"选择性达不到要求"都不是科学问题。但从中可以引出科学问题。讨论至此，各位就可以对科学问题有更深的理解。反过来也可以说明，科学问题无处不在。就像那些学生说的，过了一年半载才知道，科学问题到处都有。那么怎么找科学问题？你往前推，往前走，而不是由导师帮你走。你再看文献，再坚持研究这个问题，只要自己思考，就可以逐渐找到科学问题。为什么大家不会把矛盾和科学问题明明白白写在文章里？很简单，人家好不容易才找到这个问题，完全可以自己来做，没有必要告诉别人。如果做不出来，也可以让师弟做。这一次虽然是失败了，想了好几个办法都没有解决。但是告诉你干嘛？也许你明天就把它解决了。这岂不是 "拿着炮仗让别人放"。你也一定是这样的，好不容易从什么地方看出一个矛盾，看到一个极端尺度，发现一个"为什么"。你会自己不做，把它写在文章里，让大家来做？尽管导师可以有各种风格，但导师最大的作用就是鼓励学生，让学生进入"黑暗"—去独立寻找科学问题。就像学游泳一样，先跳下水去，让他喝两口水。只要冷静下来，按照导师说过的去做，就会慢慢地走上正轨。否则的话，像某些导师那样，先给学生定好课题，或者师兄师姐留下来一些尾巴，让他接着做。做完数据拿过来，由导师来写论文。最后这个学生成了什么呢？连工匠都不算，更不用说科学家了。

2.8）人类智慧的高峰

科学研究通常被认为是人类智慧的高峰。只要你解决了一两个真正的科学问题，就会得到科学界的认可。即使不写进教科书里，也会有科学文献永远记载。之前说到的做了四年的问题，在零几年发表后被该领域的一篇综述纳为最可能的答案。"周游列国"时又发现，人家早已把我们的论文作为该领域的必读。每当听到这样的话，无疑是对一个科学家的最好褒奖。

另外，当你经历了这一整个过程之后，可以叫做套路也好，策略也好。之后做任何事情都可以比别人做得好，甚至好很多。这也就是为什么长时间以来，华尔街常常招物理博士，或者化学博士。因为他们了解，有一个科学的头脑，和一整套科学的思维方法，真正地做过科学问题的学者，　就比任何人都要强。当然，这不包括那些所谓的博士，只会跟在别人后面依样画葫芦。比如张三做了什么，有高影响因子论文，那我去变一点点，再炒一遍。这样无法造就科学的头脑。

3. 如何寻找科学问题

3.1）"居高临下"

之前提到，麦克马斯特大学虽然不是世界闻名的大学，但是到了 PhD 答辩的时候，无一例外地都会问一个最根本的问题：你的新知识在哪里？曾经有个笑话，好多年前有个研究生，他讲了半天，结果人家问他："这个东西是新的吗？"他说："不是，但对我来说是新的"。结果引来哄堂大笑，他的导师脸上都挂不住。所以，"新"必须是对全世界而言。

当然新的知识要从解决科学问题后得到。至于说科学问题到底是什么，已经很清楚了。有了这些判据，及科学问题跟工程问题的区别，寻找科学问题应该不成问题。然而几乎所有的人都认为，科学问题最难找。所以有必要再探讨一些如何找科学问题的方方面面。

科学问题到底怎么找，对于很多在西方工作了很多年的科学家或者是大学教授来讲，大多不是一个问题。还是从可操作的角度讲起，我觉得与其说从具体的问题出发，比方说从公司、医院、拿来具体问题，再从中想办法提升，不如反过来，就是先有个"居高临下"的 overview。而我们通常所遇到的情况是，只见树木，不见森林，甚至是一叶障目。当你把一片叶子或者一个苹果放在眼前，再怎么观察，想从鸡蛋里面挑出骨头来，这个可能性很小。所以我建议所有的人，不光是工学院的学生教授，理学院的也一样，跳出这个框框。尤其是在这种情形下："祖师爷"做什么，"八大弟子"就做什么。然后"八大弟子"又有各自的弟子，甚至已经当了什么长的，但他们还是继续做什么。至少大的领域，大的方向是从来不变的。你把祖师爷传下来的东西岔出去，岔到一个新的领域，做出更有意思的东西不好吗？谁会因此说你是不肖子孙背叛师门？西方就不是这样。 在哥伦比亚大学时的导师，原来做的是晶体缺陷。刚带我时，曾问我愿不愿意做来自 IBM 的项目，是有关高分子材料的。虽然他"不懂"高分子，但请了化工系的主任帮忙。所以我因此有了两个导师。同学们也是一样，可以与导师的专长完全不同。当学生走着走着发现岔出去的东西挺有意思，导师就应该让你试一试。这个很可能就成为曲线的开头部分〔见附录 1：科研创新的四项基本原则〕。正因为这一点，与其说你从实际应用当中拿了一片叶子或一个苹果，你不如先见到整个森林。怎么见到森林？要爬到一个高处，就是从"山顶"出发，一目了然。

根据这个原则，每位老师同学，就应常常问自己，我的领域目前的挑战是什么？这个挑战不一定是科学问题，也可以是工程问题。而且，我正在做的内容和这个挑战有什么关系？这就是一种"居高临下"的方式。

与此同时要强调的是，这个 overview 不一定要从文献中来。因为文献往往不能给你一个全面的东西。除非看一些综述，但是综述也是一个小领域的综述。更大范围的，那当然只能泛泛而论了，不可能那么深入。原创文献肯定是够深入，但是只对着一个很小的面。综述稍微宽一点，但还是一个面。那么再退一步是什么呢？应该是那些手册。这些手册很重要，是无可取代的一个东西。很多东西教科书里面写得太浅，或根本没有。那么这个 gap，就是从研究前沿到教科书之间的鸿沟，就应当是手册，别无他想。但这个手册，很少有人提到。而且这个手册又接近实际应用。比方说在医院要做一个外科手术，有时要用液氮，灌到那个病人开刀之处。通常液氮要用波纹管，不锈钢的，且有真空夹层，像热水瓶胆一样。但是手术的时候弄这么粗的波纹管不是很麻烦吗？所以不要金属，而是用塑料。那什么塑料可以承受这么低温而不变脆？你查手册就行。而只看前沿的文献的话，不一定碰得到。

另外，最近的一二十年，除了手册之外还有 internet。其中主要是维基百科。但是维基好像都是个人写的，不知道有没有审稿。好像英文有英文的维基，中文有中文的维基，反正是各方面都有。建议大家应该先看一看各方面的东西，所以完全可以从维基开始。举个例子，比方说有人想把研究领域扩展到能源，像汽车能源。从哪开始呢？从教科书开始显然不行，即使有的话，也跟不上形势。那就维基，并且可以随时修改。刚才说的手册也可以不断再版。教科书太浅了，而前沿文献一下子还很难找，这事如果大家还没开始做，科学研究还没有形成一个领域，那么这个手册就可以是出发点。

当然，还有一个很好的一个源头就是找人谈。大学把各科学者放在一起就是让我们相互联系的。我们那边有一个材料研究所，是以本校诺贝尔奖获得者的名字命名的。涵盖了八个系，其中包括生化、材料、化学、物理等等。每次发讲座通知到八个系，爱来不来，随便。也可能是因为有免费下午茶，各种人都会来听。但国内的讲座，若是搞材料的，那往往只有材料的人来听，别的人不会来。就是材料的人，还要再三发通知，否则就不来。在我们那完全相反，没事都去听。你一天到晚在桌边看东西也不是个事儿，下午花一个小时，一个礼拜听那么一两次，往往可以触类旁通，隔山打牛，也不失为一个新想法的来源。一个具体的例子：据说目前高分子合成领域的一大挑战，是按人类的设想去合成多种单体的高分子链。但很少有人意识到，同样的事情在生化领域早就在做了。那就是基因序列。基因本来是天然的，从细胞核里提出来，但现在人们可以用各种手段，至少已经走得很远。所以这个问题可以把不同的领域连到一起。有时候，这是个倒过来的事情，不一定是听众学到什么，而是演讲者从听众的提问中获得启发。从此开创新的东西。

所以讲到这里，就可以小结一下最重大的议题，即如何找到科学问题。其实也简单，你可以"居高临下"，把这个领域的所有主要挑战先涉猎一下。并且，最好要深入了解其中一些主要挑战。比如，汽车领域的主要挑战是什么？不用问，每一个使用汽车的顾客，都可以告诉你汽车里最大挑战是电动车。电动车里最大挑战是什么：电池。别的都不是事。比如马达 100 年前就知道，直流电机效率已经很高，还可以无级变速，连齿轮箱都不需要。但电池可以引出一大堆东西。若你不懂，或不想搞这个，没关系，还有电池周边的一些事情也很重要。电池核心弄出来了，但周边事情解决不了，还不是白搭。

所以"居高临下"，从最高层面出发，从整个领域扩展出去，看看有多少遗留的问题，有多少主要的挑战，然后从某个挑战出发，就可以成为寻找科学问题的一种主要方式。

但这么一来又带出两个问题。第一个就是，我们是不是随时要改方向？没问题，回到那条曲线〔见附录 1：科研创新的四项基本原则〕。曲线的右边，即比较成熟的课题，你可以照常维持。而左边，也即原创性较高的主题，可以投入主要的人力物力。一旦有了突破，可以根据这个突破再去申请经费，继续扩大。其实很简单，每个人都可以这样做。那你说要是人人都这样，不就挤破头了吗？不大可能，因为新问题，新的领域有的是。大家回想一下我们的知识海洋中的已知岛，我们越往外扩张，它的边界，未知跟未知的前沿就越长，我们要想知道的新东西就越多。越是新的东西，越会带来新的问题，前沿会越来越大，你可做的就越多。当然"创新首先是知识的创新"，知识不创新你还谈什么，你若只是在"炒冷饭"。那不叫创新，那叫复制。所以，带出的第一个问题不算太大。

3.2）知识碎片化

至于带出的第二个问题则比较严重。"居高临下"虽然听起来不错，但大家一般都不太愿意做。为什么不愿意呢？因为个人知识储量不够，哪怕只看维基，看教科书都有问题，因为这些知识"从没学过"。搞机械的人看电池方面的书，有可能连第一句话都读不懂，因为没学过这些基础。其实不然，每个人中学时代至少读过一些简单的数学物理化学。很多情况下像维基什么的，说是要给大学生水准的人读的，实际大都是从中学生的知识开始。总而言之，你把这些东西写成非常粗浅的，尽量从普通人出发是完全可能的。之所以还是读不懂，是什么原因呢？就是由于当今的"知识碎片化"。

计算机"视窗"里面有个附件，叫 Defragment。中文的意思，就叫"去碎片化"。整个的磁盘，被划成一个个小格。进来一个个大数据包时，只能把相邻的那些小格子一下子全占了。这就如同一个个大箱子随便堆到房间里，就会出现许多小空档。所以过一阵子，最好要做一次这种"去碎片化"，把大大小小的"箱子"重新按合理的方式排一排，使得这个空间可以腾出来不少。但这个事儿做起来很慢，因为它要把整个磁盘兜底地捋一遍。大家整理房间也是这个道理。现在大家很少做这样的事，因为新磁盘有的是容量，但在过去这个事是必须的。

仔细想一想，我们学习所得的知识往往就是这样的碎片。从初中、高中到了大学，包括高考，都差不多：老师讲什么，拼命地记下来，短时间地储存在大脑里面，就以碎片形式，根本没有经过刚才所说的Defragment。然后，等考试结束，就把一切给忘了。当然了，Defragment本来的意思，只是重新排一排，去碎片化了以后，可以更好地利用容量空间。但在我们人的脑子里面需要做的，还有一个更加重要的步骤，就是相互联系，connection，把它们连起来。其实"连起来"还不足以说明它的全部意义，用一个比较虚幻的语言，就是从前我们老说的，学了以后要"悟"。你学了一辈子，到了 60 岁还是 70 岁，终于有一天开窍，这叫"悟"。在这里借用这个虚幻的词，这个意思实际上就是你要能够"融会贯通"。当然还是有点虚，什么叫融会贯通，没有一个严格的定义。举个不太具体例子。据考证，杨老先生曾经说过一件事，大意就是，物理学对大部分人来讲，都是一摞一摞的书，理论力学，量子力学，电动力学，普通物理光学声学等等，后面还有数不清的如量子场论之类。像他这样做高级的理论物理，那当然几摞都不够。还有好多数不清的连绵不断的公式，数不清的笔记。而对他老人家来说，物理学不应该是这样，而应该是缩小到可以攥在一个拳头里的东西。这并不是说，把那些书等录到一个电脑硬盘中，再抓在手里。而是用五个手指就可以数过来的。这么多东西怎么可能？但是物理学说到底不就是这几样：力学、热学、光学、电磁学，还有量子力学等。最根本的就是牛顿定理，麦克斯韦尔方程组，及薛定谔方程等。所有的公式、定理什么的都可以从这几个推导出来。那些东西被真正地连起来了，融会贯通了，就可以自然而然地把全部物理掌握。大家有没有可能做到这一点？不容易。我们的博士资格考试就这么考的：随便举这么一个例子，就要你在黑板上简单的描述一下。中间那些细节都忘了，没关系，但是你一定要知道怎么开的头。所谓的知识的连贯性，去碎片化以后才能看出来。方程不会解没关系，细节我们可以不顾，但是你一定要知道怎么开始。因为"万事开头难"。有了"头"以后，再把这些"头"都抓在一起，你就真正做到了"连"，甚至"融会贯通"。

同学们开始读研究生，有个三年或者四年博士，或者六七年的博士加硕士，你一辈子的黄金时间就在其中。之后就没那么好的事了。比方说开始工作了，要面对的是公司，老板，犹如上战场。就算到了你的理想企业，也只能疲于奔命。不再像今天这样去做科学研究，知识的创新。去无忧无虑地海选你的文献。目前唯一能阻止你的，只是你自己的恐惧。这就是你对未知的恐惧。为什么会这样？大都因为你没有很好掌握应有的基础知识。曾听说高考完了以后大家就在校门口烧书，把高中的书全烧了。大学读完后，大学的书也没了。所以我常常建议新研究生把大学读过的书都带来。但大部分情况下，他们说大学的书早没了。很好学校的学生，也常常发现他们以前的课似乎都白上了，因为根本就没真正懂。那么是不是说大学就白费了呢？倒也不是，但只是有了一个初步的"印象"而已，也就是说，花了 4 年学费只学了一些"碎片"。所以只好从头再来一遍。就是把所有必要的基础知识"融"在一起，重新学一遍。从元素周期表开始，一会物理一会化学一会材料一会结构什么的。这样做的目的，就是让你知道所有东西都是可以被"串"在一起的，而不是一些孤立的"碎片"。使得大家能够从此以后不再惧怕。能够在寻找科学问题的道路上随时抓到头绪，并作出"联想"。

3.3）如何去碎片化

碎片化反过来当然是系统化了，所以这就是去碎片化的解决方案。"系统化"说起来是如此的轻巧，但要做到真不知从何下手。所有的知识，你知道的、你不知道的，应该怎么分类，应从什么地方开始。要实现系统化的话怎么排？要理出个头绪来，稍微整理一下。甚至要知道什么是什么的基础，什么应该排在什么之前，什么是一棵树的根，什么是枝叶。有这么一个排序的话，数学一定在前面。微积分、微分方程，复变函数，线性代数，还有概率统计，实变函数等。为什么这样说？因为数学是基础。严格来讲，还不能算是科学，只是一些自洽的系统。但无论如何数学是所有学科的出发点。因为数学里面讲究逻辑跟分析。

而物理，则是整个科学大厦的基座，没有物理就不可能谈科学。举一个小小的例子。某个房间阳台门上有个开关，可以控制空调系统。它有两个铝盒组成，一个在门上，另一个在门框上。关门时很靠近。门拉开两个铝盒就分开，空调也就被掐断了。观察到门框上的这个铝盒有两个根电线接出来，显然被连到空调的控制线路。但门上这个铝盒是孤立的，没有任何电线。你能猜出这个开关基于什么原理？单靠猜测，人们不一定马上想得到，这是一种磁性的开关。平时合在一起的，靠这个磁铁吸引。而且磁铁可以被外面一层铝或者铜的非磁性金属包起来而不受影响。而根据刚才说的居高临下的原则，全盘考虑之后，就可以得出唯一的结论：从物理学出发，因为这是整个科学世界的基座。第一个是力学。力学不行，因为两合根本没碰在一起，没有任何接触，也就是没有受力的可能。声学当然只是力学的一个方面，也不可能。第二是光学。也不行，因为那个盒子是铝金属包裹着。还有热学。但门上那个铝盒是孤立的，如果有热能传递，那必须要有能源，所以热也不行。力、热、光都不行了，"电"怎么样？刚才说了门上铝盒没连电线。就算用电，那么孤立的盒子里面要有电池才行，显然也不合理。到最后只剩下一个"磁"，所以成了唯一的可能。这个例子说明，完全可以从居高临下的角度出发，全盘开始考虑问题。尤其是可以从物理学做全面分析，因为所有东西都包括在里面了，肯定没有例外。而且物理的全部就这几个方面。也就是说，在这个小小的例子中，已经把 "碎片"都串连在了一起。

3.4）工学院应做科学问题

以上主要说的是，为了找科学问题，要做到"居高临下"，需要融会贯通，要把基础知识去碎片化。当然这是一个长期的过程，很多人不一定做得到。但这一切不能成为工学院不该从事科学研究的理由。当然，出发点可以是工程问题或者技术问题，但是最终应该研究科学问题。这是因为目前大家面临的主要挑战是，写出高水准的论文。或者说，至少有那么 1/3 的文章必须是研究科学问题的。要写出高水准的论文，就必须朝着高水准努力。与此同时，不能说只要 1/3 的论文是高水准，那我只要花 1/3 的时间研究科学问题。往往是这个 1/3 甚至 1/4 甚至 1/10 的科学问题，占据了你 90%以上的时间。这个道理非常简单：若要完成十桩事情，往往其中一桩事情花了 90%的时间，剩下的九桩事情只须 10%的时间。这是经常出现的，因为那一桩事情是最难的。那么哪个最难呢？显然是科学问题—知识的创新最难。这也就是为什么"高水准"的论文非常难写，或发表。这些都是联系在一起的。

既然面对科学问题是最难的事情，学生应该怎么办？我觉得绝大部分的学生都应该去做科学问题。即使将来不当教授，只读一个硕士。有人觉得，学生将来要面对的，一辈子要做的，肯定是工程。不是大公司，就是小公司。甚至不一定是工程问题，可能是技术问题，或者只是做复制工作。完全可以从一些书本上、手册上查到要用的东西，或者因特网上一查就可以了。而在读研究生的期间，叫他们做科学问题，是不是不合理？这里面有个一个更为基本的问题，读大学有什么用？"大学是一个社会的领航船"，这句话比较抽象。比较具体一点，"接地气"的说法：大学是"培养人才"的。刚才说的那个是人才吗？显然不是，这个最多是工匠。当然，我们现在也需要工匠精神。但是除了工匠之外，不是也要有创新的人才吗？这样的人能创新吗？显然不行。你在大学里面"没吃过猪肉"，你到了外面不大可能无师自通。你在大学里面至少要"见过猪跑"才行。怎么见过猪跑？就是跟着导师做创新。什么叫创新？首先是知识的创新—即科学研究。第一步就是以上谈到的，寻找科学问题，做最困难的事情。所以对大家来说，第一桩事情就要跨过这个巨大的鸿沟。这也是为什么一个工学院的学生，也应该全力以赴的投入科学研究。

每个人哪怕将来一辈子走在平地上，在大学期间、研究生期间也要"登"一次山。因为到过山顶的人，跟从来没有到过山顶的人，眼光很不一样。举一个很简单的例子，一个初中毕业的人能做大学校长吗？显然不能。他没有这个眼光，他不知道大学是怎么搞的。因为他没经历过，也即他没有"登"过高山。不仅如此，甚至到过不同高度的人的眼光也大不相同。到过 3000 米高山的人跟 4000 米高山的人，不可同日而语，因为 3000 米山上没有雪线。到过 4000 米的人跟到过 5000 米的人又不一样。到达过什么高度，眼光就到那个高度。所以趁年轻的时候，登得越高越好。若年轻的时候，连一两千米的"山"都上不去，到了四五十岁，才想起来要攀高峰，就晚了。

3.5）如何提出尖锐问题

前面提及的 125 个科学问题，其实也可以拿来对照一下各位的领域。

如果说还是找不到科学问题，Gordon Research Conferences 的主题中也没有，那往往稍微"拐个弯"就有了。不仅如此，还可以"反过来想"，"延伸出去想"。这些都是非常有用的技巧，不光用于寻找科学问题，也可用在通常听讲座提问之时：

第一条：找出矛盾(find conflict)。这个方法的要点是，在听一个讲座的时候，尽量抓住他自相矛盾的地方。当然反应要快，不光听，还要能够加以分析。听课的时候也是这样，学一门课的时候更是这样。你能够做到这一点，就说明你深入思考，已不再是碎片化了。之前说过，科学问题一个主要的标志或判据是矛盾，矛盾就是冲突。有隐含的矛盾就要把它揭示出来。在这里把它再用过来。这个就是第一个方法。

第二条：反过来想（think conversely）。这可以从日常生活中找到类似的例子。比如，某地要竭力提倡的往往就是该地最缺乏的。

第三条：延伸出去想（extrapolation），就是外延，往外推演。往往在某篇论文，或者讲座中，根据他这个说法再往前推一两步，就发现跟他最初的出发点是相矛盾的。这么一来，矛盾就被抓住了。

这三条原则听起来很简单，但要是能够灵活运用的话，就完全可以用来寻找科学问题。你要深入地去找找矛盾，然后你要反过来想，延伸出去想。这种事情可以举出无数的例子，大家经常使用之后就会习惯了。

4. 科学研究的步骤及原创性

4. 1）建立假说

找到科学问题之后，下一步并不是马上做各种试验或者测量，而是要建立假说（working hypothesis）。但这个假说必须是可以被用来检验的。也就是说，接下来并不是直接去找这个问题的答案。因为科学问题一定是没有现成答案的，这与读大学的时候做作业不同。所以要先建立一个假说。粗略地讲，假说就是，介于假设跟理论模型之间的一个东西。假设当然是比较简单的一个概念，比如，假设它是朝上的，或者假设它是平行的。但是假说就要复杂一点，系统一点，但是它还不是一个系统的理论或者模型。假说是非常必要的。当你还没有做这个研究，你只是提出了这个问题，你就可以开始设想这个问题很可能是这样，也可能是那样的。但不能胡思乱想，不能做白日梦。要基于已知的科学知识，并且这个假设一定要 working，要能够用一个实验去很容易地确认或者否定。

这种情况在工程里也有。且不说到纳米尺度，就在传统的力学里也可以看到有一些似是而非的问题。不一定要到原子尺度，但矛盾一定有，而且大家都不知道为什么。举一个例子，飞机的翅膀震动。其中很可能有理论与观察相矛盾的地方。 而飞机翅膀提前掉下来很可能就是这样造成的。你不能等飞机掉下来才问为什么。之前就应把表面上不相干的东西，矛盾的东西找出来。然后就要建立一个假说，再做实验。因此假说是一个非常重要的步骤。科学研究在绝大部分情况下应该先作假说。可以这么说，若是科学问题之后没有假说，而是东一榔头西一棒子。比如要做几百个测量，"穷尽"其所有的可能性，最后把这个问题搞得"水落石出"。那就不是做科学研究的方法。另外，有些时候只是通过测量，找出某些最佳的参数，这个叫做"最优化"。当然有很多的工程问题需要做最优化，即 optimization，这和科学问题的解决大不一样。原因很简单，最优化的结果完全取决于先决条件，比如钢铁多少钱一吨，石油多少钱一吨。假如明天这些价格变了，这个最优化的结果也得跟着变，因此它一般不具备普遍意义。

4. 2）实验验证

假说之后就要设计一个实验来验证或否定以上的假说：Design the right experiment to confirm or reject。这个当然不言而喻。我们希望能够先做"定性的"的实验。要老是在小数点后面打转，那就比较不确定。先做了一个定性的结果，就可以很快确定假说是否正确。总而言之，由于假说是比假设要广一些的概念，但是又不是一整套的理论，所以做假说的时候，就可以把这个实验一起考虑进去。如果这个"假说"是白日梦一类的东西，漫无边际，根本没办法做一个或几个实验去验证它，那这个假说就根本不行。一定要能够很容易用实验验证，让别人一目了然。另外，在很多情况下，这个假说是可以根据已有的结果—文献里面的结果做判定。这往往是从"不相关"的文献中来。比方说这个假说做了以后，另外有一些不相干的文献里面早就做过类似的实验。于是就可以不用再做实验，把别人做过的数据收集起来，去作一些之前没有做过的比较。从而得出结论，这个假说一定能够确立，或者说必须要否定。

4. 3）修正假说

　　既然这个假说不是一个完整的理论和模型，那接下来就按实验的结果继续修正这个假说（Modifying the hypothesis）。简单说来，就像在做雕塑。比方说要雕成某人的半身像，一开始那个肩膀的 profile 要切出来。所以不必完全按照他的照片从头开始，可以先划一部分出来，相当于建立一个假说。再问这部分要不要留。即与他的照片做一比对。如果看下来，这个一定在他的轮廓之外，那这部分就可以弃置。所以这一对照就相当于你做了一个验证实验。所以这么弄过几次以后，这块料就越来越接近半身像，也就是说，这个假说就变得越来越精细。其间的方方面面都会被精雕细琢，每一小部分都可以做一个实验来决定，要留还是要去掉。当然这个过程不一定都是这样。很多情况下，这个假说一上来就全部被去掉，而不是说这部分要不要留。也就是说，假说建立了以后，可以被完全推倒重来。这是否意味着，这些是白干了？非也。想像知识总和是一个平面，包括已知跟未知的部分。刚才只是把未知部分切掉了一块—这个假说不行，被你扔了。你已经做成了一桩事。所以你没有白干，这就是负结果 negative result。得到这个负面的结果，很多人会惶惶不安：这个假设不行，那个假说肯定也不行。不用担心。先将这些都要记下来。将来不一定写到论文里—作假说的过程一般不写入论文。当然也可以写，其中的思路、心历路程。只是大家不一定感兴趣。但是这些对研究者本人来说是非常重要的。

　　也就是说有两种可能，一个是这个假说会被你不断的精雕细琢，越来越接近真实，接近人的雕像。另一种可能是假说被完全推倒，上来一个被砍掉一个。不用觉得沮丧，因为你照样在完成这个研究。只不过，是从负面的角度去完成，把不要东西一点点去掉，而且这个时候去掉越大块越好，效率就高了。那怎么做到这一点？刚才说了，物理是一个基本底座，全宇宙的东西都在里面，不可能在此之外。而物理只有几样东西，借鉴刚才门框的例子，马上就可以很容易地扔掉大块的未知部分，一下子就可以把范围缩小。因为既然得到的仅是负面结果，当然是去得越快越好，越多越好。

4. 4）多次重复修正

经过几次上述的重复，最后这个假说就被精雕细琢了。无论是通过把不要的扔掉，最后留下的也好，还是从原来一个粗略的逐渐雕刻到精细的，最后都形成了一个新的知识。也就是科学问题的答案。几乎整个科学研究的"套路"就是这样。不管怎么说，这就是科学研究的"正道"。假若你不是这样做的，而是摸索了半天，运气好碰到了，那就不大可能具有普遍意义，更无法推广，因为没有人能永远靠碰运气。虽然最重要的事情还是解决科学问题，对已经熟悉这一套的很多科学家来说，更大的挑战是，提出恰当的假说。恰到好处，使得我们能一步到位，尽量减少验证实验。所以假说这个事情也很重要，要不然只找到了科学问题，不知道接下来怎么走，还是用以前所谓的"瞎子摸象"的办法，那还不是要费时费力，且不一定找得到答案。这么说来，是不是可以把科学研究弄成了一个可编"程序"？差不多真有这样的意思。所以在西方，要作出很好的科学研究成果，往往并不需要很高的智商。

我曾经在某大学问诸位导师，你们认为科学研究应该是怎么做出来的？你曾经发表过的得意文章是怎么做出来的？答案五花八门。但极少说到跟以上有关的东西。"碰运气"是一种答案。还有东摸西摸。或者看文献，"捡漏"，"夹缝"中求生存。别人已做了大部分，正好中间有一个小块没做，就赶快拿来做。所以希望这里的讨论能给大家一些启发。

不光国内，国外也是一样，有很多研究生，都是由导师给课题，然后买东西、做实验等等。我觉得这样培养不出科学家来。读的年头越多，到后来却变得什么都不知道。到了博士答辩那天，往往连简单的问题都答不上来。

4.5）科学研究的原创性

大家知道论文投出去，审稿的步骤中，一般都会有这么一问：这篇论文的原创性如何。要你打个一到十分，这是很主观的事情。比方他是你的朋友，你就会给高分。正因如此，希望能给大家一些可操作的判据。

第一类，也是最高一级，当然是要能够解决一个"长期悬而未决"的问题（long standing scientific problem）。与之相连的，更难的是推翻一个已经长期建立的知识、定理。前面的这个判据我们可以有许多例子。后面这一种更加引人入胜。例如牛顿的时空观被爱因斯坦的相对论所修正。当然相对论在慢速情况下是看不出来的，必须要到很高速情况下才会显示出来。时钟变慢，寿命变长等等。当然这种情况比较少见，这是最高一级的东西。通常很难做到这一点，需要花费很长的时间，也就是说要等上很多年，才会遇到一次。

第二类，也就是中间一级，是发现新的、有意思的现象，或发展新的、更好的办法。更好的办法包括仪器、测量手段、设计方法等等。可能是利用现有仪器的新手段。这也很可能会出现革命性的结果。当然在传统领域，比如机械领域里，可以说是从牛顿力学分出去的一个分支，这样的事情很少出现。

曾经有个说法，一个科学家，一个教授，或一个研究人员，一辈子能做中等或以上难度的课题的机会大概是 7-8 个。而读博士期间一般只有一个机会。所以我的硕士生一般随便他们做什么。"脑洞"开得越大越好，这样到了博士就不会那么吃力。若硕士做一些按部就班的、低级的事情，到了博士一碰到中级或者高级的事情就麻烦了，很可能是什么都做不出来。为什么如此说呢？因为中级或高级问题往往需要很长时间的积累，思考才能突破。那你说我靠别人的积累，然后站到前人的肩上？不行，因为这种事情的解决，往往只能在某个人的脑子里面，而不能分给别人 99%，你做最后的 1%。每件事在人的脑子里思考是需要时间的。这个和计算机不一样，计算机可以并行运算。但人脑不行，得一步一步地积累起来。你不能将某个问题分成一百份，一百个人同时考虑。当然在不那么难的情况下也许可以这样做，但是对于第一，二类的科学难题不行。问题越大越复杂，在脑子里的"运转"越慢，需要的方方面面就越多。这和力学中的惯性相似。越大运转起来越慢，所以需要很长的时间。据我观察，一个中等或以上难度的问题一般至少需要 3-4 年。而一个科学家，很难有两个这样的问题在脑子里同时进行思考。也就是说，一个人的研究生涯假定为三十年，也就最多能解决 8 个左右这样的问题。而且极有可能花费了很长时间后，问题无疾而终。有的到最后才发现，只凭自己的努力根本解不出来。更有甚者，就是这个问题被别人抢先解决了。当然，你可以在此同时研究简单的，很快能出文章的事情。但真正对得起科学家良心，且比较难的题目，入门就需要很长的时间。这么说来，人一辈子也就 8 次左右的机会，能做中等或以上难度的事情。当然，刚才所说的第一类事情应该更少。

大家知道最早的大学在 1000 多年前就建立了。当初是研究神学。后来变成哲学。再后来有数学，物理等。而工学院的出现是一两百年前的事情。总而言之，走了很长的路。才有了工程各学科。新的现象，对于各位来说，可能不是一个主要的目标。这个只有在前沿学科才会经常出现。但是新的方法是可以经常出现的。说到这儿，大家可能会觉得奇怪；这两大类中，听起来第二类要低一点，第一类更高级。而通常我们谈到的诺贝尔奖往往是发现了什么发明了什么。难道说诺贝尔奖都不够第一类级别吗？不然。这是因为第一类里面一定包含着第二类，而第二个里面往往也包含了第一类。原因很简单，你如果要解决长期悬而未决的问题，你一定是找到了别人没有用过的方法。如果别人已经用过的方法能够做出来，即老的方法就可以，新的方法不需要的话，那早就被解决了。你往往需要发展新的方法，或者把前面的方法推进一步，才有了第一类的成果。而且第一类往往也包含了发现一些新的现象。新的现象出现的时候，你才把长期悬而未决的问题突然之间想明白，原来这么回事。比如这次测到引力波。引力波本来是早就有预言，但是一直没有被测到。可以反过来说，已经变成了一个"长期悬而未决"的问题。所以首次观察到引力波虽然属于第二类，即发现新的现象，但是它同时解决了这个长期以来的困扰。所以第二类往往又包含了第一类，而第一类一定包含了第二类。有时候诺贝尔奖一句话就够了，但是要用人类多少年。最后完成的这个人不但需要站到前人的肩上，他本身也需要很多年的思考与实验。

与此有关的一个问题。据说获诺贝尔奖的平均时间是 11 年。也就是说今天已经做出来的，全世界都知道的，"诺贝尔奖级"的成果。等到正式颁奖的时间是十一年后。更多的是过了二三十年，要没去世的才拿得到。这次的果蝇是 70 年代的事情。当然完成可能是在 80 年代甚至 90 年代。总而言之，也用了很长时间。如果我们国家要诺贝尔奖全面开花的话，至少是 20 年以后。而今天必须已有许多"诺贝尔奖级"的成果放在那儿。。。无论如何，我们得摆脱跟在人家后面，不断摸索怎么走的做法。

当然，人人都可以随随便便做出一些"新"的东西，这就是我要说的第三类，也是最低一级。第三类也就是不光用现有的方法，而且是现有的样品的"重新组合"。做出的结果和之前差不多，不大会有革命性的进展，但也产生一点"新的知识"。这个就是各位、全世界绝大部分同行们一天到晚在做的事情。"排列组合"，人家没做过就是"新"的。用一更简单的中文词说明这一切，就是炒菜。人家发明了红烧肉，登在了顶级杂志上面。我们把红的酱油换成了白酱油或者换成李锦记，那也是一篇新的论文。这一招类似台湾工业起飞时的"老二哲学"。凡事不要自己去搞原始创新，美国有什么我们就做什么。现在这个时代就不行了，你要有自己的知识产权。也就是说，我们不做原始创新就要被人卡。更不要说想当老大了。

就像 Science 的编辑所说，第三类是现有文献的小扩展。他的意思是，大家不要拿这些小扩展类型的文章来烦他们。Nature 和 Science 都要求是在该领域的大跨越。这里的跨越是要求你大跨步地前进，跳出去一块，这样一来又可以扩展许多新的知识。小小的扩展也算有"新"的东西，没有新的如何扩展呢？也就是说，我们之前谈到的科学问题和科学知识，在这个小小的扩展里算是有。当然，人们在大部分情况下只能做这样的事情，只能一点点地向外扩展。而要解决一个第一类的长期悬而未决的问题，是很困难的。各行各业的人都会遇到这些问题，但如果因为"祖师爷"没有做这个事，或者不想做这个事，一代代传下去后离这些问题就会越来越远。但是科学问题一定有答案，哪怕是第一类最难的。而且答案一定是唯一的。若老是围绕着一些容易的课题打转，就当不了一流科学家。

真正的科学家应该有这样的信念，这个问题的答案肯定能做出来。做不出来是还没做对地方。就像中学竞赛题，有时候坐在桌前几个小时找不到"路"。这个时候你会觉得这问题不一定有答案吗？你会肯定这个题目再难都一定有答案，只是你还没找到思路。所以如果很有信心，自觉地做下去，一定可以解出来。因此要培养研究生一种自信心，看到一个科学问题，就应该想像与你中学碰到的难题是一样的，一定有唯一的答案。这个就是一种"科学信仰"，科学问题一定有答案。我本人之所以有这样的信念，则要感谢当年的常春藤大学。到了这样的环境里，你就会坚决地相信，即使你这辈子做不出来，后面也一定有人可以做出来。一旦有了这种态度，往往坚持一下问题就解决了。

最后，如果你一开始就把枪口对准很高的目标，最后因为种种原因不得不退而求其次，结果往往还不至于太差。但是如果一开始就把目标对着最低的一级，那么很可能什么都完成不了。所以工学院的学生都应该学做科学问题。不然永远成不了世界一流大学。很简单，因为一流大学都在做科学问题。人家能做为什么我们不能做？

5. 科学研究的策略及基础

除了之前说的原则纲领性的东西，还有一些策略性的方方面面，比如：

5.1）进入黑暗

进入黑暗（Into the darkness），从意义上讲就是进入未知。你一旦跨到了已知的边界之外，那当然就是进入了"黑暗"。但是要做到这一点是非常不容易的。很多老师或同学，没有经过这一关的人，也就是从来没有做过真正科学研究的人，一般不愿意进入黑暗。用一个不太贴切的比方，如果到了一个朋友的或者邻居的家里，尽管房子的形状跟你家的是差不多的，但在完全黑暗，伸手不见五指的情况下，你敢贸然往里走吗？这是天生的一种恐惧，更不要说你现在面对的是知识世界的黑暗。曾经提到我们做科研要有这么一个态度，但是大部分人的潜意识，或是各种神经系统，就会告诉你不要进去。如果仅仅是个黑房子，胆子大一点还会往里走。但是科学上的事情，绝大部分人不愿意这样做。甚至一些非常好的学生，就是本科读得非常出色的学生，往往更具有这种恐惧，也就说胆子更小。

我们大部分的学生，不管是从前非常出色的，或者是一般的学生都会经过这么一个阶段；犹如惶惶不可终日，不知所措。看文献看得越多越觉得"糊涂"。也就是说，看了十篇文献你觉得很清楚，再看个一百篇文献，你就觉得糊涂了。糊涂到了以至于不知所措。每到这个时候，我反而觉得欣慰；他正在"黑暗"中，等到他走出"黑暗"就"行了"。

因此，当某个学生进入到这种状态的时候，我就知道，他正走在正确的轨道上。反过来，如果这个学生老是"胸有成竹"。好像一切在他的"掌控之中"，我就担心他没有真正进入"黑暗"。各位也可以回想一下，当初有没有过类似的经历，在做科学研究时，有一段时间非常迷茫，惶惶不安，真是觉得搞不清楚，越看越做越觉得糊涂？如果有，你进入过"黑暗"了。至于经过那黑暗之后，是不是真正做出了照亮黑暗的事情，我不知道。如果有的话，那一定是个很好的论文，但是如果你从来没有过，你这个人老是觉得 Everything is under control，那么很可能你没有做过真正的科学研究，你做的那些问题很可能是伪问题。

所以一定要进入黑暗。这个黑暗很难用语言来描述。究竟怎样的反应、怎样的经历，每个人当然会有不同。有的人心理比较强大，有的人则顶上掉一个虫子下来都会吓得要死。无论如何，你要做真正的科学研究，你要研究真正的科学问题，你一定要学会进入黑暗。怎么学呢？只有从战争中学习战争。大家肯定听说过：一半以上的诺贝尔奖是由前任的诺贝尔奖带出来。因为只有在这些"高档次"的组里面，他经常会走进黑暗，经常走到前沿。而别的地方，大部分情况下，人们在浪费时间。磨磨蹭蹭闹了半天，搞很多文章。但一辈子可能根本就没有到过前沿，或者偶尔到过他也根本没感觉。稍微有点暗就绕着走，或者绕到另外一个跟它相邻的地方，一切都是光明的。这是人的一种自然的反应。

至于进入黑暗了以后，怎样才能够把这一段黑暗照亮，使它变成光明，那是另一个大的话题。对于一个黑房间，当然就很简单了，用手去摸去碰，甚至于搞一个探测器都可以等等，但是对科学研究没有这样的好事。因为假如我们人类找到了一种方法，很容易照亮某一类黑暗，那么这一类的黑暗很快就没了，就变成光明了。你说要不这样，这个东西张三做了这边，李四做了那边，中间还有一块是黑的。这就是之前说的第三类的一种："捡漏"，夹缝中求生存。中间这一块是黑的—"灯下黑"，两边其实都很亮，这一小块地方真的走进去也不会把你撞得鼻青脸肿。当然可以这样去补一些边边角角，但这个不是一个科研的正道。尤其是年轻一代的导师，就更要从一开始就有个全盘考虑。

而真正的黑暗，走进去是漫无边际的。大家想像一下到一个陌生的国家，半夜三更在一个非常危险的、战乱的国家，政府不像政府，军队不像军队，警察不是警察，那种乱七八糟的地方。在一个荒郊野外，你那辆车子如果抛了锚，你敢不敢下车，敢不敢接下来自己往前走？当然，真正有生命危险的地方不建议这样做。但是科学研究没有这样的危险，永远"不输房子不输地"。工资照样拿，饭照样吃，谁也不会说，你今天科研没做成功，把你的奖学金吐出来，把工资都吐出来。所以科学研究其实是一个人类在太阳底下最好的工作，永远不会输的。所以在这个时候胆子不妨大一点。你要走进的黑暗，就相当于科学上的漆黑一团，在荒郊野外的一个完全不知道有什么政体国情的地方。你要有胆量往前走，自己往前去摸索。总而言之，你下次碰到的时候，你根据刚才描述的，你越看越不明白，搞不下去的时候，不要退缩，因为好的导师年轻的时候也做过同样的事情。现在轮到你了。这种事情别人替代不了，你不能让导师来替你去承担这个黑暗，让他替你去照亮，照亮了以后你再往前走。如果在大学里，你就缩手缩脚不想往前或者不敢往前走，不输房子不输地的时候，没有任何风险的时候你不走，这辈子永远就没有这个机会了。

当然，如果文献查得到答案的话，那不是真正的黑暗，而是你开头都没做好文献调查。文献看得越多，越觉得迷茫，再多看一点就把这事解决了，这个还不是真正的黑暗。只有再多的文献也解决不了时才算。把这个黑暗照亮是一个漫长的过程，不是一个简单的过程。而不是说你多看一些文献，或者你跟老师聊几句，跟谁聊几句就很快把这个事情解决了。这个不叫黑暗，这只是你碰到了一些已经有了答案的伪问题。真正的科学研究上的黑暗很可能一辈子都走不出来，一辈子都照亮不了。但是你可以试图照亮它的一部分，这个就已经是一个很好的科研成果。你也许一辈子碰不到这样的事情，那就是说碰不到真正的科学问题。但是也有许多人经历过了一次就明白了，以后放眼望去全是科学问题，随便一走就走入了黑暗。这种情况也不少，只要到了那一天就很容易了。所以一定要经历一次，万事只是开头难。

5.2）反馈

第二个就是要反馈（Feedback）。说一句话糙理不糙的话，就是"猪撞南墙会拐弯"。但是我们人类很多情况下还做不到这一点。不光是一般的人，科学家们也经常会这样。比如，某人在某些方面做得挺好，但在进入一个新领域的时候，从一开始就误入歧途了，不应该用某个方法或者用错了方法。尽管有人多次提醒，就是死不拐弯，因为他以往的成就，给了他相当的"自信"。所以一定要引以为戒。当然具体往往比猪撞南墙的过程要复杂一些，大家往往不能从中收到该得的信息。包括前面说的"反过来想"。这告诉我们，不但要正面去观察，还要反过来想，最后可以得到很好的 Feedback，但是往往被大家忽略了。在实际科研过程当中，做个实验什么的，经常会出现这样的情况：原来计划有十种样品要试，试了一个不行就试第二个……第一个不行，其实已经告诉你很多东西，完全可以把剩下的九种东西，一下子就去掉五六中，甚至于这九种都不行。很多人缺乏这个精神，也跟做研究的热情有关。所以科学研究不光要凭兴趣，更要有一种 passion，热情。其实用热情还不够，最好有点狂热。有狂热的同学，哪怕基础不太好，他也会自觉不自觉地利用反馈。没有狂热的同学再聪明，基础再好，你导师说什么都记下来，什么都按照你说的做，反而不行。因为他不会自觉地去"反馈"。

曾经有一个很出色的学生，他在两年半不到一点的时间出了八篇论文，而且八篇都是不大一样的方向。后来的人觉得惊奇，常常请他传授怎么做研究。他的回答很简单，你得有"兴趣"。他说的兴趣其实包括了一种热情。每当想问题的时候，就连早晨刮胡子洗脸时候也在想。总而言之，这些表明了真正要把问题当回事。在某一段时间内，这几乎就是生命中的全部，除了吃饭、睡觉之外的全部，所以他能很好地利用反馈，很快地做实验，并且很快写好论文。而写是相对容易的事情。所以就是两个字，热情。等这篇论文做完了，就晃悠一阵子，直到下一个问题的出现。所以做科学研究，并不是什么天天呆在实验室，没日没夜地看文献，或做实验。这种往往也是平庸之辈。曾有师兄弟们，一天到晚坐在实验室，反而做不好。为什么呢？你得用脑子经常 feedback。要是连"猪撞南墙会拐弯"的本事都没有，弄个配方 100×100，两个参数 1 万个实验，就不行。要用 feedback。比方才测了几次，就发现它有一种趋势。一想不对，这整个方案根本就没用，剩下的九千多次就不用测，赶快推翻重新来过。所以 feedback 无论怎么强调都不为过。其实做其他事情也一样。甚至炒股票，造房子都得这样做。假如还没到造到三层楼房子就开始歪了。原来设计得再好，再给保证都没用，它已经歪了，那你就要赶快想办法。不能等造到 20 几层，最后就塌了。所以feedback 听上去是很简单的事情，但是大部分同学、老师经常会忘了这个事。你只有不断地提醒自己：现在出现的是什么情况。

更多的情况当然就是新文献。在开始了新课题后，特别热门的、前沿的课题，一个礼拜能出好几十篇新文献。新文献出来了，你马上发现，跟我们之前的设想似乎不太一样。到那时你还瞄着你原来那个计划，慢慢地按原计划往前走，且不说很可能成了死胡同，即使等到你走出来，这个问题人家早就解决了。所以这种 feedback 可能更为要紧。很多情况下不一定是你的实验本身，而是方方面面都要 feedback。所以，"反馈"在各个层次上都必须贯彻。

5.3）孤立与比较

第三个就是要孤立（Isolation）。就是说做科学研究时，必须要清楚地意识到你的首要策略是把被研究的对象孤立出来。为什么呢？因为世间每一件事情，肯定涉及很多方方面面的其他事情。也就是经常说的"牵一发而动全身"。往往这个时候就有人喜欢打出"综合性考虑"或"全盘考虑"的旗号，这就相当于"眉毛胡子一把抓"，最后的结果就是啥也解决不了。所有的各种因素里面，必定有一个或几个是主要的。所以必须要把它孤立出来。否则无从得到科学问题的解答。但是大部分情况下你没办法孤立，因为几个东西连在一起，某个参数一动，别的也受到影响。这个大家一定有体会。若你从来没碰到这样的事，那很可能你还没找到过真正的问题。科学研究上更是这样，很多事情表面上看来很简单。前面不是说要建立假说吗？往往这个假说要检验的时候，某个现象连带着许多别的现象。在这种情况下"孤立"做不到。那就只能用"比较"（comparison）。"比较"当然就容易多了。作比较的时候，在绝大部分情况下，你必须把所有的参数固定，然后只变其中一个，再拿来做比对。有许多例子，比如说为了验证某个现象是否由于氧化还原反应造成。已经发现文献里面大部分的数据都差不多，电位都差不多。但是这个还不能算严格的比较，因为它们每一个实验有很多其他参数是不一样的。所以我们应该重做一套实验，这套实验里面什么都保持一致，而只改变其中一个参数。这个听起来很容易，但是绝大部分情况下，大家会不耐烦，因为这样就不符合"多快好省"。

曾经有个美籍华人，在他的领域是个"领军人物"。对中国大陆非常熟悉，70 年代末到现在，经常来中国。他曾说，你们的最大问题就出在"多快好省"四个字，当然只是关于科学研究方面。他说科学研究，甚至工程研究中不能用这四个字，因为"欲速则不达"。往往发现，有些学生在做了一年半载以后，实验数据一大堆洋洋洒洒，却啥也发现不了。往往在变一个参数的同时又变了另外一个。你说重新加测几个点，不行，因为时间很长了，样品都变了。所以，你第一要孤立，如果孤立不了要做比较。这两个东西听起来非常自然，非常简单，小学生都应该听得懂。但是我们往往事实上做不到，因为我们要"多快好省"。

从这引伸出去，我们如果从 30 年前就开始老老实实一步一步地走，今天诺贝尔奖就会排着队出现。日本就是如此。他们预测在千禧年之后会有多少个诺贝尔奖，几乎都已经成为了事实。而我们似乎永远在走"多快好省"的路；美国可以这样做，从一个大学把有名的教授搬到另外一个大学。我们现在也这样做，从国外引进的人才，把果子摘过来，而不想如何把那棵树的根整个地挪过来。我们有没有开始一步一步地走呢？

5.4）"永远有路"

如前所述，科学问题往往是很多因素混在一起，牵一发而动全身。

这个是很正常的，你不能因为这样，就觉得事情没法做。说到这儿，就要提到一个名言，这是个来自 F. Sanger 的名言。桑格这人很有意思，他是上个世纪初出生在英国。小时候成绩一般，一直到了快上大学的时候，才开始有点要做科学家的意思。然后进了剑桥。读博士进了剑桥的分子生物实验室。在四十岁时就获得了第一个诺贝尔奖。在这个所里很正常，因为诺贝尔奖是排着队来的，今年不是你就是他。他很快就有一个行政头衔。但是他的兴趣是做科研，还是去领导一个小组。接下来他想做一件重大的事—DNA 的测序。之后美国有人发表了类似的工作，并很快就得诺贝尔奖。此后小组的人全离开了，因为这事已经"完成"了。然而他觉得他的方法更好。所以最后的几年他几乎是一个人在做这个研究。想像一下，一个诺贝尔奖获得者，居然一个人在做实验。最后终于成功了，很快地得了第二个诺贝尔奖。因为他的方法的确更好，那就是我们今天 DNA 测序的方法。就从那时候开始，DNA 测序成为一个世界规模的行动。所以这位 Sanger 兄不光是一个人类历史上少数几个两次诺贝尔奖获得者，而且是当之无愧的科学英雄。用神人牛人都不足以形容。国内请他来过好多次。其实他的故事本身就足够令人振聋发聩。

他的原话怎么说已经不太重要，最关键的是："科学研究上永远有第二条路可走"。比方说，你开一个工厂，原料、工资等加在一起，最后没有任何利润可赚，你的工厂就开不了。世界上很多事情是这样，都是没有第二条路可走。但是科学研究例外，永远有第二条路可走。这句话等于是一种信仰，甚至可以当成一种"宗教"。科学问题永远有答案，而且科学上永远第二条路可走。你进入了黑暗以后不要怕，永远会有解答，永远会有光明，而且不可能无路可走。

那么说到这，怎么去找路呢？当然不能随便在大街上找一个人来，就按刚才说的这些原则，让他去做科学研究。科学研究当然是需要基础的，即科学家需要有一定的训练。这就是为什么诸位一定要先读完本科，且读研究生期间也要修一些课，这也就是下面要详细探讨的。

5.5）巩固基础

如果要树立单独的一根杆，没有别的支撑，这根杆能立多高？肯定到不了三层楼，很快被风吹倒。所以你若只有在某个领域有基础知识，相当于一个分门别类的细小专业，则肯定做不了深入的研究。80 年代初国内改革开放以后，跟我们接触比较多就是北京钢铁学院，现在叫北京科技大学。很有意思的是，当时他们有炼钢一个系，炼铁一个系，制氧一个系，压力加工一个系。。到了我们那博士资格考口试的时候，作为钢铁学院来的学生往往被要求先画一个高炉。没想到学生说，我是学压力加工的，并不知道高炉是怎么回事。这让那些教授们大吃一惊。追根溯源就是苏联的那一套细分专业害了我们。美国当然不是这样的，一个大学既然叫做 University 就应该什么都有。而且，既然是在工学院，学生就应该至少在低年级时什么都学。所以我们工学院跟理学院一年级的基础课其实差不多，都是数理化加计算机编程，最多再加些设计。

这立杆的道理看上去很简单，但是联系到到我们的研究上来，就令人深思。也就是说一个科学家的小组，从一个"祖师爷"传下来的面有多宽，决定了能走多远走多。如果你是北钢院出来的，就只知道压力加工，再自己把自己限制在这个里面，你这一辈子就像刚才说的细杆，最多两三层楼，上不去了。但是你完全可以自己拓展，在大学学到的最重要的事情是什么？就应该是"再学习"的能力。也就是说大学不应该只教会了你几门课，大学应该教会你学习的能力。那大学是否不再需要，只要知道怎么学习就行？那倒不是。因为还是有一些更为基础的东西一定要知道，一定要熟记的。这使人联想到电子计算机。计算机在运转的时候，光有 CPU 还不行，还须有 RAM。大家知道，现在不管是台式电脑还是手提电脑，CPU 的速度差不多已经到头了，所以 CPU 已经不怎么关键，大不了多叠几个。取而代之的，最重要的参数就是它的 RAM 大小，也即随机储存器的大小。随机储存器越大速度就越快。若随机储存器小，很多东西虽然也可以做，但容易卡住。这说明跟人脑一样，有些东西是必须一直存储在那。通过这个例子大家都能明白：任何人做任何事情，脑子里必须有一些原始的储存。这些储存的东西越多，你所能做的事情就越高级，做事情效率就越高，速度就越快。计算机能做的事情，都是事先编好的，不然就根本不能做。人不一样，人的这个储存越大越多，解决各种问题的能力就越强。也就是通常说的越"聪明"。

回到我们之前说起的知识碎片化。这其实是最近几年来在西方兴起的一种思潮：大学不需要再办，因为我们现在有因特网（internet）。我们现在有 Google 有维基，简直是随便一按什么都来了。美加许多城市里面都有 wifi 覆盖整个市中心范围。甚至连计算器都用不着，你把"几乘几"打进去，Google 就会给你答案，而且这个答案比你想要知道的精度都高。所以现在不断地酝酿，说这个大学不需要了，只要 wifi 就可以了。我觉得这是一种十分荒谬的观念。因为人类发展到现在，知识面越来越扩大，知识的结构也越来越复杂，怎么可能用这种快速"方便面"的办法来随时随地获取新知识？更不要说，要做一些高层次的思考，需要很长时间。一个"白丁"要想研究这个课题，就必须小学中学大学研究生，所有的再读一遍。那你等到全部都读完，哪怕你是从因特网上去截取，已经过去了很长时间，这个事情还做什么？更重要的是，就是所谓的"连"。因为很多东西，要融会贯通才能用。这知识不是说从电脑里面，从 internet 装到你脑子里就可以了。举一个简单的例子，中学几何有平行线、三角形等，这么一些概念，定理。这样的东西，查维基几小时就可以了。但接下来你就能解决平面几何里的问题吗？除了那些最简单的作业可以做，稍微复杂一点的作业题就做不了。中学数学的作业都做不了，更不要说你去参加中学数学竞赛。尽管竞赛的题目就只限于你学过的平面几何，就这么几条定理。但大部分人不要说做，连看都看不懂。这不是聪明或笨的事，而是因为一般人需要经过几个学期的听课，作业，考试，才能把大部分掌握。但这时再来一道竞赛题，说不定你还是一点都看不懂。这样一说大家一定会明白。这一切说明了这个知识哪怕是中学的平面几何，也不可能从因特网 download 下来，装到了脑子里就行了。中学程度的东西已经这样了，大学就更不行了。比如微积分，教了你微积分那些公式，很简单，因特网都有得查。然后接着就来一道微积分的题目，肯定做不了。老师讲完了这个原则还要讲例题。还不够，还要几道作业题，接下来才能去做作业。做作业的时候，还要讨论讨论，之后还要考试等等。说了半天也仅仅是大学一年级的微积分而已。

这一切说明什么呢？说明那些思潮完全是荒谬绝伦。怎么可能把大学的知识，放在 Internet 上以后，就不再需要大学了，要用的时候查一查就行了？更不要说在科学研究的领域，恰恰相反，世界各国都毫无例外地希望建设一流的大学。

我在某大学曾经跟大家讨论过战胜"恐惧"的最好的办法，就是到名牌大学去读一个学位。为什么要名牌大学？在名牌大学可以拓展你的眼光。这个"眼光、眼界"也可以大概地理解成"胆子"比别人大，眼光要比别人远，于是就会减少这种恐惧。举一个不一定恰当的例子，有人想开一个公司，做商业。一般是从小做起。而不可能刚起步的人，一下子来一个连锁店，不光是在广东，全中国全世界来一个连锁店。但是哈佛大学的商学院就教这样的模式，一上来就连锁店。一开始肯定赔钱，赔个几年。这个例子说明什么？如果他是哈佛商学院教出来的，他就有这个眼光，胆量和气魄，一上来就做大。那么最后你们猜猜谁会胜出，是小作坊的人会胜出，还是哈佛商学院的模式会胜出？答案是不用讨论的。开连锁店的人一开始赔十年都有可能，但是最后肯定会赢，要不然不会放在教科书里。这就说明，你要有这种胆量，有这种眼光，最好的办法就是到名牌大学修一个学位。当然我无意跟大家讨论商业模式，我只是拿来做个比喻。你在科学研究上要有眼光，包括之前说的进入黑暗等等，到现在明白了，这是需要勇气的。就好比你到过 5000 米的高山，4800 米就不在你眼里了。来一个难题，一看，这也就是 4500 米的水准，你一点都不害怕，送几个学生进入"黑暗"，他们可能会有一阵子"惶惶不可终日"，但你一点都不会担心。

总而言之，现在的知识碎片化是一个极其糟糕的事情。而且，碎片化所带来的问题远远不止于此，甚至影响到了这个世界许多所谓的"领袖人物"。他们能走多远，这个世界就跟着他们走多远，因此最后的结局就与他们的眼界有极大的关系。而世界上大部分人，因为没有机会经过这样的熏陶，就没有这样的眼界，只能跟在别人后面。

眼界不仅对科研是至关重要的，甚至到了国家层次都是如此。比如，从表面上看，非洲很多国家似乎是一些恶性循环。殖民者走了以后就上来一批人，或者是军政府或者是所谓的民主选举，有钱的或者有势的国外回来的，选上了总统之后干嘛呢？给自己捞钱。当然这钱也不一定是自己国家生产的，大多是国外援助。就像扎伊尔，也叫刚果（金），非洲的一个大国，到现在还是很乱。当初那个叫蒙博托的，当了大概有二三十年的总统。因为那个国家有铀矿。美国支持他很多年，但是有一次美国的电视台揭露说这个家伙极其贪婪，不要说富可敌国，可以抵好几个国家。最后这种人不是被政变打死就是逃到国外去。就这样，又来一批，再继续捞，恶性循环。又比如尼日利亚，其实是非洲第一人口大国，有近2亿人。又有石油，也有他们的文化，又是个英语国家。但是尼日利亚乱得一塌糊涂，贪腐横行。还有很多这样的国家，枚不胜举。你说这些人永远没有教育机会，倒也不是。他们的很多头头脑脑都是国外留学的，其中不乏牛津剑桥。但是这些人始终没有这样的眼界，只知道为自己贪钱。于是这些国家就一直恶性循环。

所以我们的教育如果能够培养人的眼界，再加上融会贯通的能力，这就是一个最大的成功。一个国家的未来掌握在这些人手里，或者有一部分这样的人，这才是一个最重要的事情。否则就只能是一些碎片，连所谓的人才，也只是针对整个大局里小小的一个角落而言。知识的碎片化实在是一个很不幸的事情。本来由于 internet 的发展，原来不相连的，现在都被连接起来。这应该是一个大好事。但人们为了贪图方便，反过来搞碎片化，都只想做最简单最容易的事。甚至连最简单的东西，都要随时上网查一查才可以。这样的路子将越走越窄。如果人人都这样的话，整个人类就越来越愚蠢，创新的本领就会越来越弱。

举一个具体的例子，听说现在很多做电动汽车的根本不是在源头上进行创新，就是电池。只有少数，像日本前几年有些进展。锂电池只要做到极限值的十分之一，1千多瓦时一公斤，就比现在的多了四~五倍。甚至只要有两倍好了，就可以引起革命性的发展。为什么不从源头上去解决问题？听说当初的一个所谓重要技术，只是把电池分而治之。从科学上讲很简单，一点都不复杂，是个人都想得出来。而其它电动车企，就只是照抄，或者是用类似的方法。这样的情况下能走多远？所以知识碎片化了以后，人们没有一个"居高临下"的全盘的概念。像杨老先生说的整个物理就在他手掌上。做不到这样的话，就不可能有这样的眼光，也不可能去想到这，想到那。这就是碎片化了以后带来的重大弊病之一。

从前的确不是这样。比如有贝尔实验室。当初全美国的电话公司都是一家。它把1%还是2%的营业额，很大的数字，用来支撑一个研究中心，就是贝尔实验室。这里诺贝尔物理奖就出过许多个，晶体管也在那发明。可惜这个辉煌的传奇到了90年代以后就再也没有继续，现在是彻底消失了。而现在，按理说我们这边有钱了，应该把这个方式接过来。贝尔实验室里都是一些科学家，连做理论物理的都有。80年代的理工科研究生，最大的理想就是进贝尔实验室。或者退一步到当时的IBM。里面一个大的实验室有两三千个博士。每个博士，都可以有自己的一摊子研究，就像一个教授一样。但比教授们还要潇洒的是，他们似乎不需要申请经费。经常想干嘛就干嘛。在这样的情况下，创新就像洪水一样滚滚而来。IBM像这样大的中心居然有三处，都在纽约州。曾几何时他们遥遥领先外面的技术十年以上。当年的IBM一年收入的专利费就有数十亿元，养这样的实验室绰绰有余。我们现在就应该做这样的东西。而不是像某些所谓的大牌企业，据说都是一个萝卜一个坑，招你进来就是干这个，不能干别的。就应该让科学家们愿意做什么就做什么。这样才会有创新的洪流。

诸位当然不可能一步到位，成为把整个物理学抓在手掌之中的顶尖的高手。现在往往连碎片都还没有，更不要说是去碎片化。但是各位可以慢慢来。比方说大学本科,给了你一个很好的机会,去学各种各样的基础,数学物理化学等等。你就要想办法去综合和连接,尽量在那个层次上融会贯通,那么你就有了一个"底盘"。高一级的学科往里加的时候就不至于被碎片化得太多。你就有了"出发点"。过了一段时间,你就能把它们彻底连起来。年轻的时候"悟性"不足,就是因为你的储存量太少,你的储存量还没有到临界值。但你若到了临界值的时候还不去"悟",那么就会变成碎片,过了两天就都没了。不单是要"连",还要去不断的梳理,不断的去清洗,把那些不太重要的东西慢慢地排到后面,把最重要排到前面来。就像在那本 X 光的书里,我把那些方程的系数都扔了。去掉系数,岂不是会搞错?到后面你就会发现,这些系数真的不重要。因为做这样的研究的时候,你的测量出来的绝对值跟仪器有关,绝对大小不说明任何问题,只要有相对强度及形状就可以了。所以这些公式就用不着那些系数。而保留这些系数只会增加复杂性,使人不能一下子抓到本质。

5.6)与基本原则结合

最后我们再结合讨论一下科研创新的四项基本原则{见附录 1}:

第一,基础研究与应用相结合(A mix of pure and applied)。这个原则实际上包括了我们刚才说的几乎所有事情。你要找出科学问题,那科学问题肯定是基础研究了;你又从具体的应用出发,那就是应用研究。要创新,那你就要想想如何结合两者。如果你只在一边发掘你的科学问题,不管它的应用方面,那也不行。说到这儿又跟刚才知识碎片化有关了:你脑袋里若永远只是些碎片,怎么去搞清楚?你得先去碎片化。哪怕就是机械方面,力学或者控制好了。这个地方既有基础,也有应用。

不光是那么简单的一句话，而是涉及到很多方面。

第二个就更进一步了（Multi-disciplinary borrowing）。你要综合各个领域。也就是刚才说的要"悟"，要"连"。综合不是把大家简单凑在一起，不是说力学的你来做，材料的他来做，凑在一起就是一篇世界一流的论文。综合这两个字还是需要去碎片化。

必须要一个全方位的考虑，在你的眼光里不仅仅是物理学。整个的基础跟应用，及这个东西的方方面面。假设你做个人工假肢，涉及到生物医学什么的，都必须掌控在你的手里，可以让你像扳五个手指头那样地轻松自如。你得有一个非常透彻的，而且是"居高临下"的看法、体会及感觉。

所以综合各个领域，听起来容易做起来难。并非把几个系的人抓在一起就成"攻关小组"。尽管这里面有数学、力学，的人才，但必须要有许多人能彻底了解全局。

第三个是要有充沛的时间（Unforced pace）。这个之前已经说了好多，"有意栽花花不开，无心插柳柳成荫"，而且是很多情况下要"因神设庙"，不给充沛的时间怎么可能呢？

最后一个，超越常规（Beyond administrative rulebook）也很重要。因为超越常规这个事情在西方太普遍了。可以说百分之七八十以上的重大发现，都是超越常规做出来。而我们要允许大家超越常规。比如你这个钱没有按你说的用，去搞了另外一套，但是这一套做出了很好的结果。这个时候就应该"网开一面"等等。学校更应该这样。比方说某教授的科研到了一个重大的关口，要做下去的话需要全力以赴，就可以申请停课一段时间。而学校就应该大力支持。

5.7）人脑的潜力

看了以上的种种，所有的同学老师都会说，这些东西对我们来说简直太强人所难了。我要做到这些，甚至于不要全部，只做百分之四五十，就已经不用活了。又要走进黑暗，又要惶惶不可终日，还要知识去碎片化……所以作为收尾，最后要给大家打一打气，鼓一鼓劲。

大家知道，音乐五线谱有五条线。每根线或间隔对应钢琴上某个键。一般钢琴的谱表有上下二组这样的五线谱。下面一组的音符是左手弹，上面一组是右手弹。两组很多情况下并无固定关系。萧邦，李斯特的钢琴曲里，最快的是 128 分音符。四分之一音符作为一拍的话，那么在中等速度时，一拍半秒钟，这样的音符每秒就要弹 64 个。对大部分从来没有学过钢琴的人来讲，这简直是神仙才能做的事情。但在美加，尤其华人的子弟，几乎人人都学钢琴。小孩子五六岁开始学，到了十几岁时，只要还在坚持练，弹这种东西一点问题都没有。

这么一说就清楚了，大部分小孩子不管智商如何，都可以经过七八年的训练，到达"神仙才能弹"的那一步。什么样的训练呢？无非每天弹一小时，每个礼拜一小时的课。

这说明，我们人的大脑潜力无穷。没有做过那个事情，你会觉得这是遥不可及的。但经过几年训练，你就会觉得这个事情其实很简单。联想到我们做科研，肯定比弹钢琴要复杂得多了。要学习，训练那么多东西。但是你一旦走出了第一步，一旦经过了第一次，经历了整个的过程，也即你真正经过了黑暗，解决过了科学问题，你就跟考过了钢琴十级的小朋友一样，没有任何困难了。如同我那些学生所说，放眼望去全是科学问题，随随便便就可以抓一个。而且要解决一个问题也不那么难，受点挫折继续往前走也正常。

当然这个过程大概需要几年。钢琴从一点不会弹，到十级也就要个

8-10 年。所以学会做科研，不会耗尽你半辈子或者一辈子的心血。只要走过那么一遍。就象爬过一次高山。而爬过高山，跟没有爬过的人是完全不一样的。美国宾夕法尼亚大学沃顿商学院，有一阵子听说他们的 MBA 毕业之前要过一关：登上乞力马扎罗山顶。除了身体有病的，或上去要完蛋的，否则所有的人都要上。因为上山没别的，就是要有意志力。有了意志力，80 岁都可以上去。没有意志力的话，青壮年也不行。

把它延伸过来，就是说你上过了 5900 米以后，从此大部分的山峰不在你眼里。你就有了心胸，气魄，眼界。或者说，心里有底了。也跟弹钢琴一样。一秒钟里面要弹那么多个音符，而且要弹的准确，还要加上好多其他东西，比方音乐表现要有感情色彩要有强弱，有的地方要稍微拉长缩短等等。这一切怎么可能呢？但是全世界那么多小孩，特别华人小孩几乎人人都能做到，就说明它一点都不难。而且你只要到了那一天，你过了那一关，你就会觉得这不是一个事，甚至不需要拿出来大说特说。因此，大家一定要去试一试，哪怕是半途而废，到了实在不行时再退下来，那也比从来没有登过好，我指的是科学上的登高。

附录1：科研创新的四项基本原则

随着我们国家发展到一定阶段，创新，尤其是科学与技术的创新被提到几乎是最高的位置。

这样做的必要性可以从国家的科学发展报告里得到印证。首先，科技创新是后发国家最重要的事情。韩国在五十年代比中国要穷，日本当时跟中国的GDP差不多，年人均大概在90多美元，而韩国只有它的2/3。但是经过40多年的发展，韩国今天已经达到3万美元。美国作为世界的标杆是5万多美元，台湾大概是2万多，香港3万多。而我们大陆今年可能到八九千，北上广深肯定是超过1万。这些当然只是从数字上看。除了韩国，正面的例子还有芬兰。在上世纪80年代，及时把握无线通讯技术的发展机遇，大力发展通讯产业，成为世界上最具竞争力的国家之一。也有一些国家成为反面的教训，像拉丁美洲，阿根廷、墨西哥，等等。尤其是阿根廷，在50年前非常富裕。布宜诺斯艾利斯的建筑绝对不比上海的要差。他们到达过1万多美元的人均GDP，但是现在退到了1万以下。墨西哥也曾经到达了1万，又退到了几千，然后再慢慢的爬回去。这就是因为他们只靠本国的资源优势，包括劳动力。这些都是要过时的。但同时过度依赖外国资本和技术，忽视自主创新。当然他们也试图创新，花了很多钱建立了世界上最大的墨西哥国立大学。27万学生，就像一个城市。然而并没有达到目的。

在"2007年科学发展报告"中也提到，我国的关键技术自给率比较低。各位可以到大公司去看看，差不多都是进口的。尤其是高端的设备几乎没有一样不是进口的。发明专利总量2007年排名世界第8位。现在好一些了。论文总数现在已经排到了第二位。引用频次也有提高。

但最关键的还不是这些数字，我觉得最关键的是原创率。我们的论文大多数都是"炒菜"型的。人家发现了这个菜，我们去加点盐，放点油，然后再炒一次，并不是原创型的。从这个角度来讲，所有领域的开创性的东西还都是在国外。国内的绝大部分还跟是在人家屁股后面，就是换油换盐，或者把两盆菜放在一起再炒一次。

因此，我们希望探讨一下别人做科研创新时所遵从的一些基本原则，也就是所谓四条基本原则。这个是在九十年代，美国科学促进会召集了一批诺贝尔奖级精英总结出来的，其重要性不言而喻。

第一是要"结合基础研究与应用研究"。这句话不是说说而已，这句话要真正做到非常困难。常常听人讲，"我是搞基础的"。另外一个说"我是搞应用的"。做应用的人瞧不起基础，做基础的更瞧不起做应用的。这一切都是创新的障碍。一定要真正地结合。后面会通过举例子让大家看到，没有一样创新可以单独只限在基础研究方面。因为最基础的那些东西，包括物理化学早就基本做完了。甚至于生化的一些最基本的东西，DNA 等也都已经搞得很清楚了。但是，搞应用的人若不涉及基础，就只能跟在人家屁股后面炒菜，甚至于连炒菜都算不上。所以这一条极其重要，放在第一。

第二要"综合各个领域"，这一句大家更是耳熟能详了。怎么综合呢？这又是一个很大的问题。希望大家能够结成一个团队，真正的去把各个领域融会贯通。但是做到这一点非常困难。尤其是作为领军人物，要能够跨领域跨行业，知道很多基础都是相连相通的。这也跟我们的教育有关，长期以来被苏联的教育系统不止搞坏了一代人，甚至于到现在都还是如此。我们的大学名称本身就是一个反例。国外的大学，凡是一个大学就是综合性的。并没有什么"海事大学"、"中医大学"、"航空航天大学"。是大学就应该什么都有，而不是细分成各个领域。

第三是要有充沛的时间。充沛的时间不是说可以无限制地做下去，而是指不要有一个"催命"的时间表。从这个角度讲，你按计划做出来的东西，不叫科学研究。计划连经济都不行，研究更不行。

第四是要超越常规。各位肯定深有体会，尤其是在国内条条框框太多，西方好一点，但还是需要经常地打破常规，才能做到科研创新。

所以这个四项基本原则在全世界任何地方，甚至在美国，都很难保证随时随地能实现。正因如此，创新就变得尤其难。我的意思是指真正的创新，不是炒菜。尤其是科研创新，那是难上加难。也正因为如此，你天天看的绝大部分论文，都是跟着人家后面。真正的创新，一眼望去，不管它发表在哪个杂志，放在什么地方，是个人都能看得出来。

这几条原则还须稍微详细地作些讨论，要用一些具体的例子作说明。第一是要基础研究和应用研究相结合。这就先要问什么叫创新？创新首先是知识的创新。不是说人家有了原子弹，我也想方设法去造了个原子弹，这个不叫创新。虽然很伤感情，但是我们要把道理搞明白。知识的创新才是真正的创新。没有新的知识就没有超越常规的新应用。这里的一个正面的例子是高温超导的发现。高温超导在1987年一下子轰动了全世界。现在大家都知道高温超导已经很成熟了，甚至于变成了一个产业。高温超导很快就得了诺贝尔奖。高温超导是在陶瓷系统里面发现的。大家读中学时就知道陶瓷是个绝缘体，高压电线都用陶瓷相隔。既然是个绝缘体，连普通导电都谈不上，怎么想到做超导呢？原因就是，欧美的本科是一个通才教育，他们的知识面相当的广。做出这个科研创新的两人是在瑞士的IBM，他们又没有任何常规的任务，就扯到了陶瓷上面。当然中间是经过了很长的过程。这个例子给整个科学界非常大的震撼。

那么多人搞超导，搞来搞去才 20 几度。在合金上面拼命地炒菜，炒了近 70 年没有大的进展，最高温度只到了 23 度。而他们那个系统一下子被后人发扬光大到了液氮的温度，就是七十七度。所以这个是非常好的正面例子，科研创新的最重要的例子之一。从原本绝缘的材料到发现它的高温超导特性，需要对各个学科和领域都有所了解。尤其重要的是，要跨越"基础"与"应用"之间的鸿沟。如果只是局限在"基础"或者"应用"之内，是无法打破这个思维局限，取得这个重大突破的。

同时我们也可以看到相反的例子。新加坡从高中开始，学物理的人不学数学跟化学，学化学的人不读物理和数学，学数学的人不做物理跟化学。结果到了大学的工学院，数学就只是高中的水准，连微分方程都没法做。 90 年代他们从美国请了一个新加坡人回去当了他们的大学校长，彻底改变这一切，才让国立大学在这短短几年的时间内变成了一个世界级的大学。什么东西都按美国的，把新加坡的那一套彻底改变。但是他们细分的科目就跟国内一样，已经根深蒂固。隔行如山，很难在一代人里面把它彻底消除。

第二个是要综合各个领域，各个领域要学科交叉。这里面尤其要强调的是数学物理这些基础。因为你没有办法，在各个部门分得很细，每人只知道自己眼下的一亩三分地的情况下，做到综合各个领域。在国外这个事情相对容易一些，因为一个大学的校园里面，很多时候是你的隔壁就有别的领域的专家。像我们一个楼里面有各种系的教授，就让你们混合在一起。而不是说某某系全在这一栋楼里面。我在哥伦比亚的时候，整个工学院就是一栋楼。若有问题，坐电梯就可以到另外一个什么系得到解决。这个就是一种学科交叉，大家可以打破门户之见，随时可以交流。

第三是充沛的时间。新发现往往需要非常长的时间，最重要的是你不知道什么时候能发现。假如可以设置详细的时间表，那就不可能是真正的新发现。这里有个很好的例子，就是二战当中磁控管的发明。大家知道珍珠港事件以后美国才全身投入战争。当时日本的舰队快到了眼前，美国才发现。怎么回事呢？当时的雷达是用长波的，稍微小一点的东西，就"看"不见。其实不光是美国，英国德国都希望把雷达波长改短。雷达的原理在一战的时候就已经知道。但是因为当时的真空管里面电子来回需要较长时间，所以它的频率提不高。那怎么把电子管的频率提高，使得不要等飞机到了头顶才发现呢？小罗斯福总统把这个重大项目交给了麻省理工学院，成立了声名赫赫的"辐射实验室"。因此麻省理工学院就变得很"牛"。他们先是拍胸脯说几个月就能解决问题，但搞了一年多还没有解决问题。这就是之前说的，真正的新发现不可能有时间表。但与此同时在英国，在德国飞机的轰炸下，有两个科学家在防空洞里面居然做出了可以产生高频率的电子管。因为他们发现引入磁场以后，可以做到高频。总而言之，"有心栽花花不开，无心插柳柳成荫"。这就是一个很好的例子。这也就是为什么大学要实行终身教授制。你要让他有个保障，不要去催他，要给他充分的信任，要"养"着他。这些大学教授才会有可能做出真正的科研创新。除了少数的"烂苹果"，大部分人是不会让大家失望的。

刚到麦克马斯特大学的时候，我们的教务长是哈佛的毕业生。曾说起当年，哈佛大学招了一个年轻的助理教授。他干了近 30 年，居然没有写一篇文章。要是在麦克马斯特大学早就踢出去了，终身职肯定拿不到。但哈佛就有这个雅量让他继续做。等到了第 31 年的时候，终于出了一本书。而且很薄的一本书。从此以后，凡要研究这个方面的人，都得先读他这本书，这成了该领域的"圣经"。大家应该也听说过美丽心灵这个电影，讲的是普林斯顿大学的约翰·纳什的故事。哈佛和普林斯顿就有这样的雅量和耐心。这也就是为什么他们可以成为世界的顶尖学府。

第四个原则，超越常规。这个是一个很大的话题。我想根据基金申请当中的问题来谈，因为我在美国加拿大都曾参与了这方面的工作。美国最健康，加拿大稍微差一点。欧盟我也曾有机会观察过。我要谈的是，你要能随时调整方向。就是说你拿了钱，去做 A 问题，也就是你打算在 A 上面发些论文。结果你做着做着发现，得到的结果不是 A，而是 B 甚至于是 C。这个时候你就必须要把你的方向调整过来。你的科学问题，必须改成 B 甚至于改成 C。这个时候你对科学的贡献其实要比你盯着 A 要大得多。给经费的人就应该有这个雅量让你去做 B 或者 C，甚至要鼓励你去这样做。

前述这四项基本原则，其实是西方大部分科学家的共识。但似乎很少公开宣传，因为大家觉得这些是不言而喻，当然也有可能被认为是"武林秘籍"不可轻易示人。

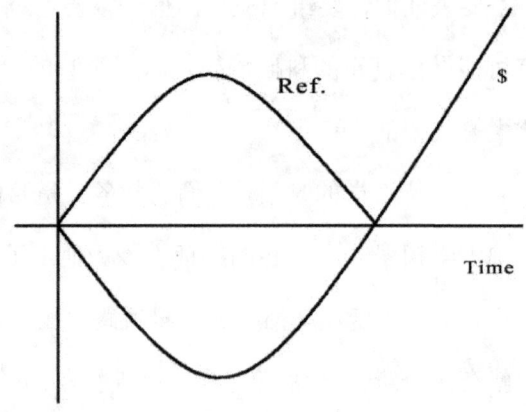

作为我个人的一些观察与总结，上图展示了科研发展的一般规律。

横坐标是时间，可以是几年，甚至是几十年。横轴之上那个半弧是指论文发表的强度，即每年论文数。当然是从零开始，因为此前还没这个领域。拿有机发光器件来说，现在已有产品了。整个过程大概是二十几年。从 1987 年最早的文章开始。在九十年代初，刚当教授的那个时候，每年文章出产的数量很少，大概只有一两百。到了最高峰大概是 2000+ 年，每年有成千上万篇。之后又慢慢地降下来，但还是不断有人在做。与此同时，金钱的投入，是与之对应的，但处在横轴之下的这么一个曲线。从开始的大部分时间内，曲线都处在负的区域，因为要烧钱，肯定是负的。所以想要在几年中要收回科研成本，都是不太可能的事情。除非你是复制，而非真正的创新。从上图可以看到，投入的经费越来越多，出产的论文也越来越多。但这些钱全是"亏损"，它不可能给你创造任何的利润。一直到了右边的"交点"，金钱曲线才走到了横轴之上，开始盈利了。三星的一些手机就采用了有机发光显示屏。大家可以发现它的颜色和响应速度比液晶显示器要好很多。有机发光器件的电视机也已出现，很薄，可以弯成弧形。所以金钱曲线正在上升中，直到每家一台的时候。。。所以大概是这么一个过程。

其实任何东西的发明，发展，商业化都是这个过程。于是，每位在做各种项目的时候，都可以问一问自己的课题可能处在该曲线的哪一部分，那么你就大概知道，现在论文的发表强度，以及经费的申请情况。若是一个全新的东西，那就不可能申请到经费，因为在左端，曲线的开始处，论文数与金钱数都是零。这就告诉我们，一个领域的原创，第一篇论文，大多是由之前项目的余钱支持的。如果你这个东西处于中间偏左，或刚起步，还会有大量的科学问题。接近中间时就开始会有工程问题，而到了右边主要是技术的问题。科学、工程和技术，这三个大概可以从这个曲线反映出来。所以这是个大概的规律。时间轴也不一定是线性的。开始发展很慢，后面发展很快，一般都是指数型的。举个半导体的例子。半导体的三极管，是 1947 年在贝尔实验室发明的。50 年代才开始有三极管的成品，60 年代开始有集成电路。自 1995 年起在世界的范围内，电子工业超过了汽车工业，成为全球第一大工业。而且电子工业越来越大，人们的钱大部分都花在了电子产品上。电子产品还可以不断创造出新的应用来。手机、电脑是原来没有的，现在不但有，而且每几年就要更新换代。所以，从 1947 年到 60 年代，第一块集成电路，用了十几年。第一块集成电路到第一块个人电脑的 CPU，又用了十几年。后面发展得越来越快。开始一定是科学家的事。最早做这些东西的一定不能在巨大压力之下。"重赏"之下不一定是"勇夫"，而很可能出来一些畸形的东西。因为很多东西要有基础，人家走了几十年的路程，你要赶鸭子上架，一下子要如何如何肯定不行，什么都得从头开始一步一步来。

实验室是真正支持创新的地方。到了产品的开发，大学就不要操心了。因为这个时候都应该转到工业界去了。像韩国的三星，日本的索尼。这些技术问题的解决，大都在公司里面完成。用不着在大学里面做这些东西。即使搞完了，在公司正式做产品时，还得重新再来一遍。每一个东西有它的地方。这就是为什么很多技术，在大学里面拼命做，但做完了以后没办法生产。最后的环节就是环境，必须强调搞出来之后不能对环境造成不可逆的影响。所以环境方面就是一个很大的挑战，可做的事情非常多。

大家从小就耳熟能详的一个说法是，"大学要走出去，和社会相结合，和产业结合，与经济生产挂钩"。不一定。大学实际上是整个社会发展的领航船，社会上没有其他的机构可以像大学一样给整个国家，整个民族带来一个远景，给我们带来探索性、试验性的预见，让我们知道未来发展的方向。既然大学是领航船，就不能与大船，即整个社会，靠得太近。如果领航船就紧挨在大船之前，那么大船稍有晃动，领航船很有可能被倾覆。因此，领航船应该与大船保持距离，否则就无法真正地创新。

附录 2：撰写科研论文的"套路"

1）通常的弊病

之前讲的都是一些原则性的东西。按理说讲了原则以后，接下来应该是例子。各位老师有过一定教学经历的，都会同意。所以最好是，接下来我们把各位做过的，或者正在做的，或者想要做的东西，拿出来作为例子。与前述原则或者方法作具体的比对跟详细的讨论。但是这样一来，收效不会太大。这是因为，如果某老师的例子在这从头到尾进行讨论，某老师本人当然会有深切的体会或者至少是触动，但是别的人就不一定。因为这个例子只是由某位老师在做，而每人的课题都不一样，甚至于在同一个专业里每个人做的都不太一样。所以当你隔壁那位仁兄觉得这个东西简直太妙了的时候，你也许觉得这个根本就没有任何意义。这种情况肯定屡见不鲜。还有一个事情，这样的例子的讨论不可能把方方面面，甚至于主要的原则都包括进去。因为每个例子有它的特殊性，每一条原则并不是在任何场合任何例子里面都能从头贯彻到尾。比方说我们讲的科学创新的第一个原则，也是最重要的原则"基础与应用结合"。这个几乎是创新的必须。但是放眼望去，很少有人能主动意识到这样的事情。所以在这样的情况下，我们不可能在短时间内把这些原则结合具体的例子来跟大家详细地讨论，从而让大家把这些原则作进一步的理解与应用。

于是我们就只好采取更简单的做法，把"船头"讲完了以后，就先跳到"船尾"。就是各位最后要做的事情，也就是撰写科学论文。所以我想着重跟各位探讨一下科研论文的"套路"。其中大部分是我个人的观察与总结。我觉得这个是我们目前非常需要的。假设已经按照我们之前说的这些原则把科研的结果做出来了，但若是不能把它写成恰当的论文，那就达不到传播新知识的目的。而写成恰当论文的重大意义还远不止于此。不仅是因为各位导师的升职或荣誉，凭借的都是发表了的论文，更因为在撰写论文的过程中，往往可以对整个课题作出进一步的梳理与调整。所以写论文可以说是整个科学创新事业的最后一关。所以很有必要跟各位探讨一下科学论文到底怎样写，有哪些基本的"套路"。

我们先看一个具体的例子。投出去的稿子，有很多 Introduction 是这么写的："某某领域很热门，已经有了许多文献。。。但是我们没看到某方面的工作，所以本文就做了。。。结果可能被应用在。。。" 好像科研的主要目的在于"捡漏"，"捡"别人还没有做遍的事情；而不是去解决大家所关心的重大问题。至少可以说是不够深入。大家可能觉得这只是一个泛泛而论的评语。在中学语文课里面"不够深入"只不过个减分项。但是在科学论文中，"不够深入"是一个非常严厉的指责，完全可以据此把一篇文章拒之门外。大家设想一下，如果是一个比较高档的，按国内来说"一区"，或影响因子比较高的，竞争又很激烈的杂志。而你是该杂志的特邀编委，你会觉得这篇文章应该马上退回去。更为重要的是，这个例子中，并不能确定，之前有无类似的工作。只说了之前的没有看到。哪怕真是"捡"着了别人的"漏"，也应该跟之前相近的工作做些比较。当然，最致命的还不是这些。因为我们今天所进行的绝大部分研究都是假说型的而非探索型的。那么假说型的是用来干什么的呢？就是为了找到科学问题，解决科学问题。那么这篇文章要解决的是什么科学问题呢？至少有没有提出科学问题？当然，你的文章可以和科学问题没有任何关系。SCI 之外还有 EI，EI 有很多杂志，数量比 SCI 还要多。但如果是投到比较高档的杂志，没有科学问题就构成了致命的缺陷。

顺便提一句，即使有了科学问题，能否写得让"外行"明白又是个挑战。 这个原因非常简单，一定要"外行"看得明白才行。为什么要"外行领导内行"？因为你把文章送出去，首先这个编辑大多是"外行"。然后送给 referee，三个里面至少有两个是"外行"。三个里面若有一个是跟你相同领域的，运气就很不错了。很多情况下，三个都是"外行"。不是说"同行评议"吗？怎么成了"外行"呢？其实这里说的"外行"，并不隔得很远，只因现在枝枝叉叉太多了，都是隔了一个小行就如同隔山。所以在"外行领导内行"的情况下，只能通过作者写的论文来判断。绝无可能让作者到编辑部来"答辩"一下，告诉编辑们你到底想说什么。绝大部分情况下你写什么，他就读什么。里面可能有"闪光点"，但没写清楚就是你活该了。你说把我埋没了？对不起，这世界上没有那么多伯乐。伯乐的数量比千里马还要少，这个大家都该明白。

所以回到刚才说的最后一点，科学问题在哪呢？有没有科学问题？更进一步，科学问题提出来了以后，对于这样的科学问题，前人的工作在哪儿呢？前人的工作要是没有的话，有什么原因吗？当然了，这个文章完全可以在别的杂志上发表，不一定在高档的杂志上发表。但是对于想成为一个真正的科学家的导师或者正在成为科学家的老师来说，这样的文章显然是不符合最基本要求的。最基本的要求就是要提出科学问题。科学问题不一定是一开始就提出的，而往往是从解决一个实际问题出发的。甚至不一定是工程问题，很多情况下甚至是一个经济问题。举一个例子，曾经参与了十来年的有机发光器件研究。很多三星、苹果的产品已经在用有机发光器件作为显示屏。当初最大的问题，就是寿命太短。只有一百到一两千个小时，这显然是不能作为产品卖出去的。那么归根到底这是一个什么问题?很多人说这是个技术问题。不一定,这可以是一个经济问题。假设不管多贵的手机买来,用一个月之后就一定要换掉,人人如此。一个月不才 700 多个小时吗? 一千个小时寿命的显示屏就没有任何问题。所以一千小时的寿命,这时成了什么问题呢? 经济问题。大家可能觉得这好像有点咬文嚼字。其实这就是细分的结果。而细分是科学研究中最起码的步骤,要把这个东西细分清楚。如果眉毛胡子一把抓,什么问题都混在一起,科学问题、工程问题、技术问题、经济问题、社会问题, 等等。那就永远做不了真正的科学研究。

科学问题显然是非常重要。之所以大家会很容易忘记,就是因为没有经常涉及到真正的科学问题。科学问题是最基本的, 是你的出发点。而且科学问题,往往是从经济问题、社会问题、工程问题、技术问题中间提炼出来的。至于提炼出来究竟是什么问题,完全没有任何限制。所以写论文也要讲清楚这个问题到底在哪? 是别的东西没办法处理,还是别的东西处理的效率都不高,还是迄今为止根本就拿它一点办法都没有?这些东西讲出来了以后还不够,还要把这些问题所关联的科学问题提出来。怎么提炼科学问题呢? 这不是一个容易的事情。作一个比方,把科学问题从实际问题当中抓出来就相当于,你面对一片原始森林,里面连路都没有,你不知道你想吃的这块肉是在里面奔跑的狐狸身上,狼身上,熊身上,还是老虎狮子身上。所以这就是我们科学家,包括工学院教授的任务。这也是我们最主要的任务,几乎没有之一。

科学问题提炼出来以后,一定要交代前人是怎么做的。这一点也非常重要。我们曾经说过这个世界上几乎不存在,什么都是你第一次做。一定有前人的工作。大家不信的话,到诺贝尔奖的网站上去查查看,包括今年刚刚出来的诺贝尔物理、化学、生物和医学奖。不可能由一个人从头到尾提出新概念、新方法、新结构，最后做成了一个问题的答案。一定会有前人的工作。不要说近代科学，从伽利略牛顿开始已经走了300多年。哪怕就是从量子论出现以后才有的新东西，也已经走了很长的路。今年这个物理奖是引力波，引力波是爱因斯坦提出广义相对论的结果之一。现在几公里长的引力波干涉仪也不是今天才想起来的。仪器的名字叫迈克尔逊干涉仪，而迈克尔逊是美国海军学院的教授，是一九零几年的事情。所以迈克尔逊干涉仪也是早就有了。当年建立狭义相对论时就用了迈克尔逊干涉仪。只不过把尺度放大了而已。那么你说这些科学家没有功劳，都是前人的工作，凭什么他们得诺贝尔奖呢？各位只要去读一读诺贝尔奖委员会给他们授奖的理由就明白了。所以这个道理很简单，要做原创性的事情，而原创性的事必定是建立在别人的基础之上。你一定要做出在别人基础之上的新的东西，向着这个科学问题的彻底解决迈进了一步。只有在这个情况下，你才是创造了新的知识，才值得在好杂志上发表。

2）通用的模板

那么究竟应该如何写呢？给大家一个大概的"模板"：

```
Introduction

    - potential application & social/economic impact

    - remaining sci/eng problem *

    - previous attempts which failed **

    - our new plan and success


Experimental
```

- materials

- instruments

- analysis

Results and discussion

- key figure first

- supporting figures/tables

- compare with the previous attempts

- qualitative analysis

- quantitative analysis

- successful conclusion

Summary

- summary

- significance

虽然就这么几行字，但是要完全实现可能需要花很大的功夫。通常按老一套写文章越多的人越不容易接受这些。而从来没写过论文的人，第一篇就按这一套来写，则几乎没有任何问题。当然，也不一定完全按照这一套路。因为很多情况下你有你的特殊性，特别是有些工程杂志，不一定需要这样。所以这只是一个大概的框架。另外一个辅助作用就是，可以帮助大家看文献。讨论完了以后，你自然就明白了怎样速读文献。

简单说来，最重要的就是前面的 introduction，和后面的 results & discussion。为了方便讨论，我们编一下号：introduction 是 1；之然后第一条就是 1.1 potential application & social/economic impact；1.2 remaining sci/eng problem；1.3 previous attempts which failed；1.4 our new plan and success。然后 experimental 是 2，当然也有很多杂志要求把 experimental 放到最后。Results/discussion 是 3，其中 3.1 便是 key figure 即最关键的图；3.2 supporting figures/tables； 等等。先说明一下为什么题目 Title 跟 abstract 不放在这里。因为大部分情况下，这些应该是最后做的。然而，也有很多老师同学一上来就把题目定了。假如你顺利地写了七八篇第一流的论文，每篇都包含了第一流的科学成果，你就可以一上来定好题目，可以一开始就从 abstract 开始写。否则的话，最好是把它们留到最后。当然之前也提到过，一个科学家要完成一个中等难度的科学成果，一般要用 3 到 4 年，也就是说一辈子最多也就是七八次这样的机会。所以若你已写了七八篇这样的文章，大概也已到了退休的时候。原因很简单，题目是一个太重要的事了。打开 SCI，Web of Science，人们首先看到的就是题目。所以题目要是没有达到设想的目的，一切都是白搭。而你若还没写过几篇像样的论文，也就是没做出过几件合格的科学成果，一上来就定题目，太草率了。所以题目一般要留到最后。既然最难最重要，这里干脆就先不提。至于希望事先有个大概的方向，则根本不应该成为"草菅标题"的理由。

3）最难写的部分-前言

各位肯定同意，一篇论文那些部分最难写。一般不会是实验部分，而是 Introduction 跟 Results/Discussion。哪一部分更难一点？Introduction。所以我们可以得出一个有用的推论：如果要在短时间内看一篇论文，你就直奔 Introduction 而去。其中"重中之重"就是打了星号的 1.2 "remaining sci/eng problem"，以及双星号的 1.3 "previous attempts which failed"。

让我们从头开始。一上来当然可以讲一讲这个课题有什么用处。对大部分理工科的研究人员来说，这也是对纳税人的一种交代。注意前面加了一个"potential"。有"潜在"的应用，比已经实际在用的要更有意思。如果这个东西已经在用了，都有得卖了，你最多是作一些改进。也就是说，要想办法把论文的出发点建立在一个实际的应用上，但这个应用最好是潜在的，而不是现在已经在用了。Social economic impact，就是说会对社会经济有影响，尤其是想要送到高档次杂志的情况下。我们应该讲清楚，研究课题的 social economic impact 在什么地方。这种东西不需要长篇大论，一句话就够。所以第一条（1.1）是两个要点：一是应用背景，最好是潜在的应用。潜在的应用包含了更多的意思。二是对社会经济的影响。很多人有误解，就是这个论文是不是一定要把做的东西用在实际的产品中，最后得出了比人家高的什么性能才行。不一定。已经提过科学研究，是用来产生新的知识，不一定要马上用。尤其是这个知识越新，跨度越大，就越好。这时往往离实际应用还有一定的距离。所以开场白不是那么简单。

当然，如果这就是为了解决一个实际问题，最好要让人明白，你这个研究到底是处在曲线哪个位置｛参见附录 1｝。而那个位置就决定了将来文章能怎么写。所以如果要想在这此写出冠冕堂皇的，引人入胜的一个开场白，你就必须从一开始就好好选择你研究的课题。甚至是在当初你读完学位，到这里做导师，开始这个研究摊子以后，就已经决定了的。到写论文的那天你能变动的范围已经不大了。所以写一篇论文并不是叫几个学生测一下什么，然后开始拼拼凑凑，就可以的。那样往往不是一个正路。

第二条（1.2）就非常明确了，就是已经强调了多次的科学问题。比如你做这个课题是为了污水处理。那是一个什么问题呢？很可能是原来的处理方法效率不高，或者说很贵。无非就那几种可能性。你说从来没有人处理过这事，这不大可能。大多是已经有人做过这样的事。那么，这是一个什么问题呢？如果只是太贵了，那么就是一个经济问题；如果处理效率不高，那就是个技术问题，说不定还是一个工程的问题，等等。

一般人们在 introduction 里用两个到四个自然段，但是第一条只用两三句话就够了。所以一般把第一条跟第二条，即 1.1 跟 1.2 结合在一起，作为第一个自然段。一定要从技术问题，社会问题或经济问题等，提炼出科学问题。科学家就是干这个的，尤其是想发表在高影响因子杂志的时候。怎样才能有高影响因子？就是被引用率高。引用率高怎么来的呢？

这个问题似乎没有好好讨论过。大家只知道引用率、影响因子，每篇引用率，还有"一区"杂志如何如何。怎么才能得到高的引用率？无非是你研究的结果要有普遍意义。数学上就算很高级的成果，引用率都是不太高的。顶尖的《数学年鉴》影响因子也很低。是因为他们人太少吗？不是。尽管并非每个大学都有工学院，但是每个大学一定有数学系，否则根本不能叫大学。这些数学家们也一天到晚要写论文，要不然怎么评职称。那么原因很简单，他们做的东西普遍意义不大。他们的这些定理的解决，对大部分人没有任何影响。然而为什么医学方面的杂志影响因子那么高？最好的现在几乎到了 70。当然他们人多做的东西也多。但主要是因为他们做的东西往往具有非常普遍的意义。比如医学统计，统计这个地方抽烟人有多少。然后得肺癌的是多少。就看一头进一头出。统计上出来的东西的引用率极高，因为香烟厂的人要去看，治疗肺癌的人也要看，等等。所以从这大家就可以看到，为什么要研究科学问题。科学问题的提出，就是把一个具体的社会的或者技术的问题，最后提升到普遍意义上来。再举个例子。比方说现在这个研究是为了解决 iPhone 的某个具体问题。这样的文章能发表在什么杂志？不要说一区的了，二区三区都不愿意接受。但是你如果把其中的科学问题提炼出来，比方电子线路问题，或是一个材料问题，就能发表。更进一步的问题；是电子线路方面，能够在高档的杂志发表，还是材料方面？答案应当是材料方面，因为材料不限于电子工业。所以一定要设法提炼出科学问题。科学问题是使得该研究具有更普遍意义的必要一步。所以眼光不能只盯在某个具体的问题，一定要跳出这个圈子。否则，科学问题就找不出来。那么做到这一步的关键之处在哪呢？不但要具备系统的，去碎片化了的基础知识，还要多读文献，不光要读你这个领域有关的、也要读稍微有关的，甚至表面上八杆子打不着的。现在文献很容易检索。网上一搜，不光是文献，还有维基都可以搜出来。

科学问题（1.2）只是打一个星号，后面的第三条（1.3）值得打两个星号，因为它更重要。这里有一种小小的可能；有的同学喜欢做点手脚，明明文献里看见过别人的类似工作，就是不提。这个非常不好。送出去的话，早晚会被人揭露。作为一个编辑，看到这样的东西，明明知道这事肯定有很多人做过，而你避而不谈，开始洋洋洒洒说你自己的东西，那你就完蛋了。当然也有很多情况下你是无心之过，你并不了解这个东西。大家知道，在知识的大海洋当中，我们的已知只是一个岛。随着科学研究的进展，我们这个岛越来越大。但是与此同时，我们整个岛的边界也越来越长。有时候两个前沿很相近，甚至已经靠在一起，但是我们并不知道。在这个时候很容易犯无心的过错。所以之前的类似工作一定要用心找，这就为什么打两个星号。

更重要的事情是，一定要指出之前的这些工作并没成功。之前的工作只是一些尝试。他们的工作虽然已经发表了，但是并没有彻底解决问题，所以一定要把这个指明。否则的话，你就没有办法建立一个清晰的前沿，也就是已知跟未知的边界。这个道理其实很简单，我们不是在说，科学研究的最主要目的是产生新的知识。什么叫"新"？当然就是之前"不知道"的。什么叫"不知道"？那就是在"未知"的地方。那么已知跟未知的界限到底在哪儿呢？对于绝大部分人来讲，甚至对于编辑来讲，对于审稿人来讲，这个答案清楚吗？并不清楚。非但不清楚，十有九，还有误解。这个道理非常简单，因为第一，已知与未知的边界的确定是非常困难的，除非是一些"长期悬而未决"的问题。第二，之前所有的文章，包括你自己发表的文章，大多是把一切说得"天花乱坠"，明明没有解决的事情，都好像已经被包在里面，要不然怎么发表。而且你投出去的文章也一定会在最后这样写，比如 significance 如何如何。所以长期以来在这个领域，熟悉的也好，不熟悉的也好，编辑也好，referee 也好，都会认为这事已经解决了。即使没彻底解决，也是差不多了。所以要想伸出脑袋来说，"这事儿还没完，我在此有一个好办法"，你就待一边去，这事不早就完了吗？不能说 100%，但是至少大都是这样。所以一定要把你的前沿非常清晰地抒出来。而要让大家看明白，唯一的出路就是，要把前人的失败明明确确地指出来，不能回避。

从某种意义上来说，整篇文章最重要的就在这里。如果你只有半分钟时间看一篇文章的话，不用看别的，看这个就行了。这一看，你就明白作者是第一流的还是第二流的，还是不入流的科学家。若是第一流的科学家，一定会把这个事情讲得非常清楚，哪怕他自己结果不怎么样，也一定会把前沿捋得非常清楚。如果让我们评判一篇文章，是不是应该去审稿，或应该发表，甚至假如已经发表，看看这篇文章是不是有用，如果没有找到这样的地方，这文章就不用看了。因为他连前沿在哪儿都不知道，凭什么做出新的发现。有人会问，明明是要向大家报告我们发现了什么，怎么变得如此复杂？若是第一流的科学研究的结果，要发表就应该是这样，而且一定这样。至于究竟怎么写这条，这就涉及到语言的问题。首先你一定要清楚，要想说什么。在这上面点出的这几个"意思"，几乎一个都不能少，previous attempts, which fails。然后它变成"最恰当"的语言。可以先用中文，然后把它变成英文。因为对各位来说中文还是最直接了当。如果英文非常好，可以用英文来思考，那就应该用英文写。但是不管怎么说，这部分是很困难的，要把意思表达出来，而且不能隐晦曲折，但又不能"得罪"太多人。

很多人喜欢把写论文写成"文学剧本"。甚至要先来"卖个关子"，然后"好戏"再登台。完全没有必要。就应该是最直接了当。一定要把意思说得清清楚楚，是个人都看得出来，甚至不需要很高的智商就能看得出来。但是你又不能直接了当地说，"张三李四王五都是一帮傻蛋，他们都不行"。所以这一条怎么写太重要了。可能大部分情况下大家都没有意识到这个问题。作为一个审稿人，拿起一篇文章，看一看是不是非常重要，都会先找这个部分。要是找不到的话就会把它踢出去。而找到了以后就轻松了，一下子就把这个前沿捋得清清楚楚。接下来要干什么就一目了然了。如果前沿弄得非常清楚，那么这篇文章所要占领一块新的阵地在哪，也就清楚了。你的文章值不值得发表？新的贡献在哪？也使最后一条 （1.4），就是"我们的计划跟成功"变得非常容易写。

前述的第二条，科学或工程问题，最好是科学问题。因为要投好的杂志，必定是解决科学问题。如果不意识到这一点，你再怎么读文献，哪怕你把别人的文章全部抄下来，只不过把它的材料换成你的材料，把它的结果换成你的结果，照样不行。原因就是因为你没有搞清楚大家期待的是什么，或者说整个科学界所期待的是什么样的一种东西。这个跟之前所说的，上到诺贝尔奖，下到一个比较好的杂志，以及所谓的引用率，都是一脉相承的。所以说到底，写论文不等于写实验报告。不是说你发现了什么新的结果，要跟大家"分享"。而是有这么一整套的"范式"在此。而究其原因，就是我们之前在本书正文中再三提到过的那些东西。

至于有人问，应该先写 remaining problems，还是 previous attempts？当然应该是 remaining problems。这个 previous attempts 就是针对 remaining problems 的 attempts。由此可见，一般毕业论文，里面所谓的文献综述应该分成两步。第一步是针对具体应用问题的文献。然后从中提炼出科学问题以后，再来一步就是第三条，（1.3）的文献。很多人把这两步混在一起，觉得文献的引用就是在（1.1）、（1.2），因为 introduction 里面差不多每一句话都可以引用很多文献。这些一般不用看。等科学问题提出来之后，所引用的前人工作，才是重点要看的。也就是说（1.2）跟（1.3）是不能颠倒的，（1.3）一定是在之后。（1.3）所针对的 attempts 是指对科学问题的，这个科学问题是往往要经过一些分析才能展现出来。

顺便说，这个科学问题并不一定是一开始的出发点，比如是为了解决某器件的寿命问题。走着走着，提炼出了科学问题。这个科学问题也许是跟出发时八竿子打不着。这个时候整篇文章的基调，甚至于题目，就不再是出发时的问题，而是最终被解决的问题。最终解决的最好是一个科学问题。只有科学问题才会具有普遍的意义，才会有高的引用率。当然，我们的工作并不全是为了被引用，只是希望我们的工作越具有普遍性越好。在这个时候，你的整篇文章的所有一切都围绕着最后得到的结果。而跟你申请资金的时候，完全不同。因此这里最重要的一条，就是（1.3），previous attempt，完全就应该针对这个新的问题。如果之前引了很多文献有关于 A，因为出发时是 A 最后变成了 C，你解决了问题 C。那时你就要把之前的文献中，针对 C 的那些尝试都列出来。如果发现之前已经有人很好地解决了问题 C,那只好一切推倒重来。当然了，一般不会那么死板。等到你朝着 C 走的时候，你往往会看有关 C 的文献了。当研究生的就应该自觉地不断地去看相关的文献，否则就不是一个好学生。只能是导师的一只"手"，而没有用他的脑子。像那些学生看了几百篇文献的，必定是方方面面都岔出去了不少。早已经把隔壁的，相邻的，相关的，不相关的都装在了脑子里，对于这样的学生，刚才说的这种情况就不大可能出现。

很多情况下，我们做的研究工作，必定有相当一部分是跟别人的很接近。假设整个的结果是百分之一百，里面有 90%甚至于 95 是别人的原创。但是另有一些方面，你超过人家，比如有 5%。这个时候就要设法把矛盾"戏剧化"，也就是要"不嫌事儿大"。要用几句话把你的百分之五或是百分之三放大到最重要的位置，使得别人的百分之九十五看上去成了无关紧要的事。所以最后矛盾就集中在你这百分之五上面。使人觉得这个百分之五的部分，变得非你不可，否则整个问题就解决不了。

在这种情况下，只要写得恰当，别人就会服帖，觉得是这么个理；"尽管95%都是前人的工作，但剩下的百分之五，原来看看好像没什么大不了，但经过你这么一讨论，好像真是没它不行"。最后的结果一定是皆大欢喜。甚至，国际会议或者什么召开的时候，就少了你不行。虽然这个只占百分之五，但也是问题的一部分。联带的是，要把实验做扎实，要让同行一看就觉得，这个组的实验，做得漂亮。否则百分之五的部分难以令人信服。当然了，在一般情况下，大家应该瞄准更高更远大的目标。而不应该老是"捡漏"，在"夹缝中求生存"。你老是在第三个级别上打滚的话｛见本书正文中第四章的"原创性"一节｝，那必然要经常滚到人家已经做过的地方。滚着滚着就会发现，若有百分之三可以捡，已算运气不错了。所以一上来，就应该瞄准比较长远的，比较"高大上"的东西，长时间悬而未决的问题。许多人都跟我说"长时间悬而未决的问题"，文章上就没有。怎么可能没有，到处都是。你若能够从科学上"居高临下"，再加上"反过来想"，"延伸出去"，就能做到像有的同学经常说的，放眼望去到处都是"坑"，到处都是科学问题，这辈子根本干不完。重大的问题有得是，就怕没这个眼光。

Introduction 的最后一条（1.4）是新计划和作者的成功，这个"成功"很重要。很多文章，在 introduction 的末尾，就没有这句话。以为是写剧本，要让观众自己去看出来，妙处在哪儿。人家没这个耐心，往往还没读完就扔了。所以一定要及早地，明明白白地告诉大家，你成功地解决了问题。而且最好用这个词。你若不写，而在一大堆稿子中，别人都写了 success，那编辑不扔你扔谁呢？若你要谦虚低调，但人家又不认识你。那些杂志拒绝你的时候大多有这句话："你的文章也许不错，但是我们每天收到远远超过我们……"。 这是其一。其二，就算仔仔细细看了你的文章，人家也会觉得你心虚：为什么别人都写，就你不敢写呢？你也许认为，作者的成功，在 abstract 里有，在后面的 conclusion 里都有。但是，你在这里刚刚说了你的计划，正好"趁热打铁"。因为已经说了，文章最重要就是 introduction。热点刚刚摆出来，就应该趁热。所以，introduction 最好要有个 success 的简单交代。总之，这里的几个词都是非常必要的：一个是 potential，表示潜在的，刚才已经解释过了。第二个是 remaining，就是未知剩下的问题，不是已知的问题。最后是 failed，就是前人已经试过这事了，但没成功。隐含了你比前人要"聪明"。你们都试过了，都不行，而我干成了。所以，假若前人的工作发表在好杂志上，你的更应该。

有了这么一个模板，接下来要做的就很容易，可以按着这个模板扩展下去：先写下 1.1，1.2，1.3，1.4，然后就在 1.1 后面把这条再逐步扩充。比方这 1.1 需要三句话或者说是四句话等等，那么把第一句话作为 1.1.1，这样，像开中药铺子这样一个一个往下排。每一行扩充成两三行；然后每两三行里面的一行可能进一步需要细化；几步之后就变成了一个详细的大纲。而这个模板本身可以被称为粗纲。然后一步步扩充变成中纲，再细纲。等到有了细纲以后，再写成论文就不会有任何问题。所以这些东西不需要耗费半生的精力，你弄了七八遍以后，很可能连这个纲都不需要了。可以从头到尾一气呵成。但是在那一天到来之前，我的建议是这样。

4）还是科学问题

实验部分（2）比较简单，只要把你的原料（2.1）、仪器（2.2）加上各种实验步骤作一个清晰的描述。但是要强调的一点就是第三条，即分析手段(2.3)。很多作者到此是一笔带过。这个分析并不只限于仪器，还用了什么软件分析，更要紧的，是误差等等。测量总有精度吧，所以在这个地方好好地说一说，就免得以后被人抓小辫子。审稿人没事找事的时候，往往就说你的误差没有好好分析。与其最后被他抓着小辫子打回来，搞得你措手不及，不如现在就把缺口堵上。而且你这里不谈误差，往往会引起一些误会，不但有可能让人感到你心虚，还有可能被怀疑造假。所以在这里实事求是地把精度等摆出来很有必要。当然了，还有这种情况：初步一测量，就发现是你期望的结果，很激动，终于成功了，赶快写文章。这个时候不应着急，先回过头去把做过的事情好好的捋一遍，做一些误差分析。经常会有这种情况，头一眼望去，这就是你期望的结果，但是细细分析下来并不是这样。这个时候你不用沮丧，可以从中分析出别的结果来。如前所说，负面结果有时候比正面结果还有用，比正的结果还好。比方说，你的出发点是要合成 A，结果发现合成出来的是"四不像"，根本就不是你要的东西，什么效应都没有。这个负的结果，对你的目的来讲，对于当初想解决的工程问题来讲，的确是风马牛不相及。你都快要毕业了，结果发现做出来的根本不相关，那个时候你完蛋了吗？没有。好好把你的数据分析分析。就会发现，它给你提供了另外一些可能性。它并没有产生 A 问题的答案，但它产生了另外一些问题的答案，甚至开辟了一个新的方向。正如老话说的，"有意栽花花不开，无心插柳柳成荫"。你用不着老盯着你的"花"，闹了半天要是花不开就活不下去了。"柳"说不定更好。

　　这也就是做科学问题的好处。甚至用不着"指哪打哪"，而是一枪放出去打到了什么都行。你本来是想打兔子，结果下来一只鸟。只要你打下来的鸟是以前没有的，未知的，你就在人类的知识前沿扩充了一步，你就得到了新的知识，也就是科学研究的新结果。而工程问题不一样，工程问题的答案可以有很多种。举个很简单的例子，原子弹一定要做成当年曼哈顿工程完成的式样吗？不一定。甚至氢弹也不一定要原子弹点火，尽管热核聚变需要一亿度的温度触发。现已可以把多个强功率的激光器集中在一起，照样可以人工点燃热核聚变。

　　这也就是为什么我们做科学问题的意义重大，因为它是新的知识，又是唯一的答案。它有更普遍的更广泛的意义。所以回到这，一定要把你的数据好好地作分析，看看有没有别的东西在里面，尽管很激动，似乎得到了你要的结果。当然，如果这个实验是胡乱做出来的，那就是另外一回事。这就是你的问题了。你就得事先熟悉仪器，并彻底了解你所做的每一步，然后你才能够真正切切实实地做出可靠的实验。如果实验做得不可靠，那么这一切都是白搭。经常发现，手稿中连仪器都张冠李戴。比方说仪器是某某公司出产的，但其实这个公司不生产这种仪器。一般情况下，大家都相信作者所写的东西。尤其是现在很多杂志把 Experimental 这个东西放到最后了，甚至放到一个网站上。要看就去看，不看就无所谓了，也就说，大家有了充分的信任。在这个时候，尤其要把事情做到家，不能把大家的信任当成有意无意造假的机会，自己不彻彻底底地搞清楚。因为我们国内对掌管仪器的人往往不够重视。而在我们那掌管仪器的那些老师往往水准非常高。他们不光是有经验，而且科学素养非常好。掌管 X 光的，核磁共振的，电子显微镜的往往是有博士后经历的。所以写论文的时候若是没有好好地把这些搞清楚，你这篇文章的可靠性就会大打折扣。

5）结果与分析

除了前言，最重要的是 Results and discussion（3）。这个大家可能会觉得无须多言了。当然就是把结果写上去，既不能说谎，也不能造假，既不能多，也不能少。其实这个部分还是有些讲究的。首先，第一个讲究就是它的次序。人们写电视剧剧本的时候，当然可以先卖个关子，或埋下伏笔，然后突然让观众惊奇一把。但在写论文时完全行不通。一定要最直截了当。就象吃西瓜，先吃最中心的那一口，把最重要的最关键的图放在最前面。当然表也可以，但是不如图。这就是为什么常言道，"一千个字不如一张图"。这个 Results and discussion 往往开门见山的一句话就是，"如图所示"。要让读者马上知道，前述的科学问题在这里清清楚楚地得到了答案。然后这个图你要简单描述一下，你不能只放图而没有文字描述。很多人觉得不是有了图吗？读者自己看就行了。这个论文是要有文字的，不能光有图，也不能光有图标中的说明。总之，你放了最关键的图以后，要把这个图告诉我们什么，好好地描述一番。这事看起来不言而喻，但往往就是这最要紧的几句话写不清楚。其实不难，只要设想你如何用一个普通人能懂得的语言，跟某位师长描述一下你的成果，你在这里就同样地描述一遍。你可能会说，不对呀，我这个论文是给专家看的。别忘了之前讨论过的，审理文章的人至少是半个"外行"。你这个文章的命运是掌握在"外行"手里。也就是说，在绝大部分情况下，是"外行"在领导着你。你说我是千里马，我要等伯乐。且不说你是不是真的千里马，"伯乐"自己也要出文章。你占了这个版面，就没他的了。申请基金的话，你得了就轮不到他了，不是吗？所以最重要，最明显的结果放在第一。

还有一个问题，先放定性的，还是定量的结果。很多人都觉得应该先放定量的，让"数字"说明问题。非也。定性者最说明问题。如果差别只在小数点之后的两位三位就更难说明问题。甚至在开头不要把定量的东西先拿出来。你想像一下跟中学的老师怎么描述你在做的研究。总不能是一大堆专业上的定量分析吧？你要说些普通人都能听得懂的，而且不能太数字化的。

很多同学写的初稿不尽人意，主要原因就是因为没有掌握以上这些。一定要把最重要的事情、最定性的、最明显的放在最前面。一拳打出去，要打到"七寸"上。而且一开始不要那么多专业细节，只有专家才看得懂的玩意。这一点其实很容易做到，但是很多情况下大家都忘了。不是说 Introduction 最难写吗？在那已经写清楚了，到这里不就是把一块一块砖"砸"过去就行了？不行。你得把这些"砖"给排好了，变成一堵墙，再推出去。你要让大家看的，至少是一堵墙，最好是一座塔，耸入云霄的塔，照亮以前的黑暗。如果絮絮叨叨把你的结果"从头讲起"，那就应该去你的"从头讲起"。根本不需要什么"头"，而是把最重要的东西拿出来先讲。要做到这一点其实不容易。你得真正想好了，你得对你的所有结果有深刻的分析理解，才能避免"从头讲起"，而是从西瓜中间最甜的一口吃起。

有了这个（3.1）之后，就相当于平地支起了一根杆。要把那根杆撑住，就需要有旁边的支持—support（3.2）。不能只有一个结果，哪怕只有一种实验，你也得去变些花样。也就是说最好要有几种实验结果。既然最重要的已经在（3.1）描述了，这些第二重要和第三重要结果，就要赶紧拿出来。可以是图也可以是表，但是不能空口说白话，一定要有数据，因为是实验科学。这也就是为什么在速读文献时，看完 Introduction 的要点后，一般会用些时间扫一眼这些图。这个图还是定性的先来。定量的只要是不太关键的，就放在后面不用着急。这些事情无论如何强调都不过分。

你如果想做一篇好论文，要想让大家改变对某个事物的认识，除了主要的结论之外，必须要有支撑的结果。因为只给一个主要的结果，有可能引起错误的解释。所以支撑的东西越多越好，多多益善。当然不可能做太多。事实上你做一两个就够了，剩下的支撑让后人来做。让别人来做，就有机会可以引用你的文章。因此文章做得最漂亮的，并不是那些把课题做到"天衣无缝"，做到别人读后啥也不用做。而是留一些枝节让后人"掰"。不但给大家开辟了一个崭新的领域，而且留了几手让大家继续发挥。这种才是"高手"。一下子，可有大量的引用。这当然也是让科学家们共同发展的方式。

以上两条（3.1 和 3.2）如果大家认为理所当然的话，第三个（3.3）就更重要了。在 Introduction 中不是有一条打了两个星号吗，你不能之后就不再提了。当初你曾在（1.3）中说张三李四等都没有彻底解决某个问题，我老人家把它解决了（1.4）。现在你最重要的结果出来了，就把张三李四忘了，那不行。好的文章一定要在这里作一比对。这个时候就不是像前面空口说白话，这个时候就要由数据说话。比方张三也做了红外，但他没有发现那个峰。这些话在前面（1.3）还不能说，因为在那你还没机会说自己的数据。当然了，还是要挑重点，不要把张三李四的文章方方面面都比对。可以顺便说一下张三那个实验还是做得挺好，我们跟他的大部分相同，只是多了这个峰。张三在那里被你打了一鞭，在这里又被你拍了一下，他只好心服口服。为什么这里要着重提张三李四呢？因为你前面（1.3）写到了张三李四，十有九就是他们在审理你这个稿。你不做这些比对，不让他心服口服，他还不一脚把你踹了？那你说我请编辑，避开张三李四。然而，你告诉编辑某某不该审，编辑十有九还会是送给某某。因为编辑也想看看你跟他到底有多大的"仇"。或者你说某某绝对是个骗子，我批过他，所以你让某某审肯定不公正。那编辑倒想要看看，某某究竟骗到什么程度。其实这些对编辑来讲也很要紧。因为果然如此的话，某某就可以入"黑名单"，省了以后的麻烦。说到这，你就知道第三条（3.3）也是整个 Results and discussion 里面非常要紧的。当然，你这个放在最后也可以，这里不比较，你到最后再比较好了，但是这个时候做比较有利。后面会讲到为何如此。此处先"卖个关子"。

这个主要结果比较完了，下面就要作分析了。你刚才已经给了结果，还得进一步地分析。刚才结果只是定性的描述，西瓜的中间那一口。西瓜这么大，不止中间这一口，旁边也是很有营养的，甚至瓜皮附近也有益处，你都要端给大家。还是可以定性的先来，但也不一定要按照这个次序，尽管按照这个次序是有利的，即最后一步才是定量的分析。很多老师同学喜欢玩弄数学，用数字说话。拿方程砸过去把人砸晕了再说，就欺人家数学不好。方程好是好，但是不要轻易玩。要玩的话，要玩得有理有节。你一定要说清楚而且要简洁，要让人家心服口服。你不能把一大堆方程罗列出来，看都看晕了。即使是对数学有着浓厚兴趣的人，放眼望去只见方程时也会晕，因为这些方程往往引得不是时候，也不是地方。大家回想一下有没有这样的时候--没话好说了，就因为分析难写，讨什么论什么呢？得，抓几个方程砸过去，唬住大家。这往往会反过来砸了你自己的脚。别人一看这些方程就来火了，这方程干什么用？十有九是随随便便把数据往里一放，说是可以从中得到什么，但又不细说。既然如此，就不应该放。所以要慎用方程。当然了，很多情况下你的结果不能定性地说明问题，而需要定量分析。这个时候一定要用。但要用得大家一眼望去就服了。要做到这一点，首先要把来龙去脉交代清楚。比方说像红外分析，为什么用某某方程，这个方程是什么来源，根据量子力学，唯象理论还是经验公式。经验公式不能随便乱用，得有道理才行。若是随便到处乱套，拿着鸡毛当令箭，就适得其反，搬起石头砸你自己的脚。所以，不是说大家要避免用方程，而是应该要慎用方程。

结束之前一定要有 conclusion。最后一段 Summary 里面也有 conclusion，那可以是进一步的提升。不是有一句话叫做，"重要的事情说三遍"。这才说了一遍，再说一遍没有问题。当然不能完全照抄。这其实是考虑到，大家都"很忙"，一般不会仔细地从头看到尾。即使从头看到尾的话，也不会真正往心里去。往往最重要的事情没记住，反而记住了一些不是最重要的事情，或者是他所熟悉的东西。那审稿人更是这样。作为手操"生杀大权"的"爷"在看你稿子的时候，要指望他像你的"孙子"一样，从头帮你好好梳理是不可能的。因此这里没被他抓住结论，后面抓住也行。要是他一下子找不到结论，就可以随便找个茬把你给拒了。尤其是所谓高档杂志，"对不起，我们每天收到很多……"。

之前留了一个尾巴，说这第三条（3.3），为什么不放到最后，而要放在中间。显然，不能放在一开始，因为还没讲你的结果，无法跟人比较。但是为什么要放在中间呢？这是因为，在详细分析之前，主要结果跟支撑结果出现以后，马上来作一些比较，就很容易做到简单明了。如果把这个比较放在末尾，当你把这些定性的，定量的分析都做了以后，那个时候你就得全方位地比较。不但要比较最主要的结果，也要把你的定性定量分析跟之前的作比较，不能爱怎么比就怎么比。作的比对越多越全面，麻烦就越多。麻烦一多就容易出纰漏。一出纰漏就完蛋了。明明是一个很好的结果，至少 90%以上都很漂亮，但最后 5%或 3%不那么完美。要作全面地比较，百分之一百都拿来，有人就会抓住你那 3%，就可以把你打下去。很好的东西就上不了好的杂志。为何如此？因为人们大都有一种倾向，会把自己的东西无限放大，认为自己是世界上最聪明的。每个人都认为自己做的东西最好。大部分科学家在聊天的时候，聊着聊着就会眉飞色舞地讲到他自己的课题。所以在同一个领域同一个课题上，每个人都认为自己曾经做过的文章是最好的，哪怕在别人看来漏洞百出错误连篇。但是不作比较不行，不比较说明你心虚，那这篇文章最多是三流之作。对于好杂志来说，就不用再继续往下读。你心不虚，要作比较，得趁早。第一是避免了很多不必要的麻烦，其次是让人家马上有了一个很清晰的概念，先给人家喂了一颗定心丸。后面再去讲什么定性分析定量分析，看起来也会比较顺眼。

我们还要意识到，绝大部分人不管是聪明的也好，不聪明的也好，不大可能一看到别人的好结果，马上崇拜得五体投地。一般的第一个反应是：真的吗？你没搞错吧？更有甚者，就觉得你很可能是个骗子，得好好找一找你的漏洞，找出来以后把你打回原形。但经过你一比较，就心服口服了，吃了定心丸。之后的定性分析，定量分析等等，就会顺眼得多。如果到最后才比较，哪怕是 95%比较下来都是你正确，只是 5%的瑕疵，还是会被抓住。大家不是经常碰到这样的事：这篇文章多数评论都是好的，就因为其中一个 referee ，抓住了一个小辫子而被打回来。当然要抓住小辫子不放，因为人人都想发表在好杂志。。。所以第三部分怎么写也是很重要。这些结果不但要事先做好，还需好好地分析，排列。

最后就是 summary。之前说了要写 conclusion。因为"重要的事情要说三遍"，所以这个地方再来一遍。但在语言上不要重复。前面这句话 copy 一下又 paste 到此，是绝对要避免的。最好的写法是，每一次都递进一步，尽管意思差不多，但是语言文字上更进一步。大家都知道怎么做 summary，但最好还有一个 significance。前面既然写了 potential application，到了结尾，除了 summary，就可以写一写它的扩展，进一步的 aspiration，甚至 imagination。但话又不能乱说，不能像做白日梦一样随便说，你要站在你得到的新结果上，展望下一步的事情。也不用展望太远。大家可能会说，我展望了又能怎么样。要知道，有些诺贝尔奖就是"展望"出来的。在前面那篇文章里面，虽然还没有做到位，但是他展望了一下。后面的老兄接着往下做，最后两人一起得诺贝尔奖。你展望一下跟不展望，大不一样。一是有一种潜在的可能性，被人家发光大。还有一个好处是，让审稿人看到，你是一个有远见的科学家，而不是一个工匠。你的眼光不止于今天做的这个事情。你写的展望往往代表了你有多大的眼界。当然，乱做白日梦，对一些知道的不知道的漫无边际地乱说，肯定不行。所以这最后一段也不能随便。

6）题目与摘要

说到这，大家可能觉得大功已经告成。还有题目（Title）与摘要（abstract）呢。先说 abstract。其实 abstract 就是把前面的 introduction 跟 results & discussion，也就是第一部分跟第三部分"全部概括"起来。你说它只给我一百个词的位置，怎么办？可以分两步走。先不要顾长度，把 1 跟 3 先概括起来。写完以后再想办法切短，这是因为人人都知道，从长缩短要比将短放长容易。你要把短的放大就要无中生有。从长缩短，则只要切短就可以了。切的时候，后面的什么定性定量分析之类的就可以先去掉。除非定量分析是非常关键的东西，那个时候你就要酌情处理。当然在计算机上"切"很容易。但不能把单个英文词切掉几个字母，所以只能一个一个词来切。就是把词的数量减少。一些语法上关键词，甚至像定冠词不定冠词之类也不能切。否则语法就错了。因此更有效的做法是，切的时候尽量切整个句子。有些句子跟上面那句意思差不多。有很多句子是用来"承上启下，画龙点睛的" {见后面的具体例子}。这些句子往往可以整个地切掉，而不至于影响实质性的东西。这么一来 abstract 有可能不再是一堵墙，或连在一起的桥，而是变成了一个个孤岛。没问题，因为这是 abstract。也正是因为这个原因，我们看文献的时候，不要一开始就盯着 abstract。除非你非常了解文章的背景，等等。所以很多人信奉的，看文献先看 abstract，不是一个好方法。那么 introduction 中的 potential application 等还要不要在此重复？看情况。如果这一句话是非常重要，不说不足以让大家引起重视，那么就要重复。但是你的科学问题一定要设法写在 abstract 里面。你说我就是汇报结果。但你的结果不就是用来解决科学问题的吗？你不提问题的本身，让人往下看，大家就往往没有兴趣了。试想，abstract 一上来就描述结果："本文找到了一种新的结构，有 xx 的好处，提供了 yy"。让人一头雾水，不知来龙去脉。打两个星号的（1.3）要不要写呢？最好提一提。至于具体怎么写还是有讲究。因为那里还不能用引文，这个时候就可以说成 previously 怎么怎么，等等。而我们的计划（1.4）就不用写了，因为结果本身就跟着写上去了。

所以 abstract 其实不难。只是 abstract 不应该一开始就写。你把 introduction 和 results & discussion 写完了，或至少有了详细的纲，你的 abstract 就出来了。所以 abstract 不需要再建一个模板。experimental 的内容一般 abstract 里用不着。除非是用了一个非常特殊的实验手段，是个"独门暗器"。那个时候就要写进去。由于 abstract 不需要从上到下都连成一体，语言上面就可以不怎么连贯。常听说有人愿意先写 abstract，这是一种本末倒置的做法。当然如果你已经很有经验，那另当别论。

最后是题目。首先，题目就是整篇文章被缩写成了一行字。因此也是最难的。最难的东西怎么可以放在一开始呢？所以谁上来先写题目，那一定是吃错药了。然而常常听说有人一上来先写下 Title，令人目瞪口呆。常见的例子是："一种新型的××结构"。这就是 Title，一开始就有了。然后再去找文献，看与它类似的文献中怎么写。把一些句子翻过来抄过去等等。改头换面，一篇文章就出来了。但是你经过这里的讨论之后，就会同意这完全是一种吃错药的表现。Title 既然这么重要，重要到无以复加的地步，怎么可以一上来就决定呢？

我们先来看看一个 Title 应该包含哪些东西。当然是越多越好。但 Title 也是有字数限制的，似乎没有一个杂志允许任意长度。那么 Title 里面最重要的信息应该是什么？这个应该是最核心的问题。因为文章已经做出来了，要向全世界报告你的结果。而大家首先看到的就是你的 Title。所以 Title 里面当然说最核心的，也是大家最关心的，也就是大家面临的挑战---问题。你会说，我首先要汇报我的结果。但问题是，别人只看到你的题目时，根本无法判断你做出的结果的优劣。谁知道你是吃饱了撑的没事找事，炒冷饭，还是真有"干货"？你的结果对你来说是很重要。但很多人都觉得自己做出来的东西才是世界上最好的，别人都不行。正因如此，你首先要给大家看的，不是你的结果，而是应该先告诉大家，你所面对的或者你要解决的，或者你这篇文章所要做的结果，是用来回答哪个问题的。

一般地，某个问题越大越普遍，那么这个问题所要描述的词汇就越少。你如果用几个词就能向大家挑明你回答的是什么问题，那么全世界人都会明白。如果你这个问题比较专门，在比较小的领域比较不那么大众，那么这个问题就要加上很多定语，问题的描述就变得很长，但无论如何你最好先挑明问题，加多少定语是后面的事情，有的定语可以去掉。总而言之，你的问题，最好是科学问题，是整个题目最重要的信息。也就是说，把整篇文章缩成一个词组的话，那就应该是你要回答的科学问题，而不是你的成果。举一个极端的例子，费马大定理，也就是 Fermat's last theorem。全世界都知道，这是一个数学王冠上的明珠，最高档次的问题，几乎没有之一。所以你若做这个费马大定理的证明或者部分的证明，你会在题目中，只提你的结果，而不提"费马大定理"这几个字？这么一说大家就明白了。回过头来看，如果一个题目里面没有提到科学问题，连要解决的工程问题，技术问题都没有提的话，这个题目就不大好。

所以，从今往后你的毕业论文的题目，投出去的论文的题目，送出去的基金申请，都应该要把所做的问题，或者科学问题本身放在里面。不一定放在这一行字的开头，具体的前后位置倒是可以商榷。

除了科学问题，就是你的结果。正因为在之前做大纲时，已经有了一个很好的构思，及计划。所以要提几个恰当的词放到题目里面，相对来讲就比较容易。要是没有好好的整理，就像经常说的，让我们"从头说起"，说明你主次不分。连自己做出来的东西都不能好好地去分析整理。

总之，这 Title 地方有限，除了问题之外就是你的结果。两个元素中，更重要的是问题，因为结果与问题相比还不是那么重要。这里面还有个原因：很多情况下你的结果并不完美，不能完全回答这个问题。即使你已经答了 95 %，但人家接过去，把最后 5%放大，变成了颠覆整个大厦的最后一根稻草，那个时候你的95%就没那么重要了。所以，在这个时候一定要意识到，你的结果再漂亮再完美，在后人看来，一定会有进一步发展的余地。科学本身就是这样。所以，你的结果往往不如问题本身重要.

以上只是一些原则，那么接下来应该是举例子。大家可以从例子当中，进一步讨论详细的步骤。

7）较为标准的例子

先讲一个比较满意的例子，是有关第一部分的（introduction）。

这篇文章的大纲就完全按照我的那个模板。就是把第一条 1.1，第二条 1.2，1.3，1.4 等等先抄过去。然后就像之前说的，把 1.1 再细分成几个意思。所以就变成了 1.1.1。这还不够，这个 1.1.1 有了三层结构了之后还要再细分，那就变成了 1.1.1.1，四层结构。有些地方有五层结构。这样就能让你细分它的结构层次,这个结构是指你的思路结构。

这样做有个很重要的原因。我们的大脑有点像计算机。虽然基因科学的发展越来越深入，对大脑还是所知不多。但是，已经粗略地知道人的大脑里面的储存比计算机要差一些，尽管处理器比计算机的要好。这是很粗略的比方；计算机处理器虽然比人脑要快，但是在很多地方不如人类。比如开车，搞得很复杂的电脑系统还要出车祸。但是在储存方面，不要说年老年幼之类，就算青壮年记忆力特别好的人，也会"记错"。而计算机储存不会出错，除非是硬件坏了，那另当别论。还有一个层次结构，计算机储存比人脑要好很多。大家下象棋，围棋时，一步下去有几种可能。走了这一步以后，接下来对方就有几种对应。而其中每一种对应你又有第二步的几种对应。假如每一步只有 3 种对应，一对三，三对九，等等，很快成几何级数增长。这个可以看成一种层次结构。这种层次式的储存，人脑一般到了四五步（层）以后就不行了，就会搞岔了。我不知道聂卫平这样的人可以算几步。但是计算机在原则上可以无限地算下去。没有一个理由可以限制计算机，说只能算 6 步等等。只要把储存加大，就可以了。所以计算机在围棋，象棋方面战胜人类是早晚的事。有人看见人工智能像洪水猛兽，说我们人类的末日到了。这纯粹是一种无知。其实很简单，机器的层次结构，可以无限次做下去，而人类不行。

这一切说明人在思考细化问题的时候，层次化的时候，必须把它写出来。这个时候代替我们大脑储存的就是这张纸，或电脑文档。写在纸上，就一点都不会搞岔。而要是全记在脑子里面，几层以后，就可能搞混了。所以在这儿 1.1.1，……，十层都没问题。这是其一。其二，搞这个层次结构并不是吃饱了撑的或开中药铺子。层次结构放在纸上，可以让你进一步地去调整，去细化，合理化。不断地整理，使得你的思路越来越清晰，使得各种概念，谁先谁后，谁更重要谁次要，整理得更加明了。这不就是我们写论文的主要目的之一吗？而不是"从头讲起"，一锅粥，搞到后来把自己都绕进去了。所以这个东西无论如何强调都不过分。这也就是为什么，我们先要来一个大纲。而不是大笔一挥，题目一定，然后就开始写下去。什么"一气呵成"，什么"下笔如有神"，都不靠谱。这样写出来的，肯定都是前言不搭后语，经不起人家细读，甚至经不起你自己细读。更不应该，先写成一个完整的"草稿"，然后就不断地去"修改"。而应该先写一个这样的大纲，大纲有了以后清清楚楚，什么事情都排好了。最后写成一篇文章，也就几个小时。有的学生从来没写过文章，按大纲第一次就给我 20 页的长文，一点问题都没有。因为那个纲很清楚，按这个纲一个一个填下去就行。甚至这个纲本身也很容易做，因为最粗的纲已经有了，就是前述的模板。所以这里给大家一个方法，使得写文章变得容易。分成两大步：一步是把纲一条一条细化。有了这样的纲，第二步写成文章就很容易。

另一个要点是，不要先写句子，而要写成词组，写成 point form。放一些词组，一些概念，甚而至于不是一个完整的词组，只要你自己看得懂就行了。你说写成句子不好吗？那不就是更完美了吗？不好。原因很简单，你做这个大纲的目的是为了让它层次化，这也是我们人类大脑逊于电脑的一个方面。所以为了克服这个缺点，也为了你的文章更加清晰，不像一锅粥，所以要把它层次化。要把各种各样的点跟想法都排列好，再连起来。但是如果把它写成完整的句子，那等于是把原来的目的去掉了。因为一写成句子，它就已经都连好了，就没有办法让你再去重新排列了。用一个不太恰当的比喻：假设你是在建一栋房子或者建一栋高塔，作为文章最终目的，你不应该把一堵一堵的墙放进去。而应该放一块一块的砖，再把它们排列起来。当然还有层次，也就是说某些砖是要放面墙的，另一些砖是要砌隔墙的，等等。所以这个过程就相当于，整理那些建筑材料的过程。所以这个时候，不要写成完整的句子，更不要写成一个完整的段落。这些事情听上去很简单，要做到非常不容易。有很多人写着写着就写成一段话，觉得不写句子就写不下去。实在不行，就写成了句子再把它打散。最后变成了一个一个词组。你哪怕只把其中几块砖连在一起，将来就少了很多重排的机会。当把这一切零零碎碎经过各种层次的排列，最后排出一个比较完美的大纲，再写文章就很容易了。而且这样写出来的文章，根本不需要怎么修改。

最后一点，大纲是用英文还是用中文写？以你自己能看得懂为准。喜欢用中文就用中文，喜欢用英文就用英文，既用中文又用英文混着来也可以。原则是怎么方便怎么来，怎么快怎么来。你觉得这个词是用英文很顺手，因为这个英文专业词汇对你来说很熟了，就用英文。越短越好，你自己看得出来就行。中文，那就一定要写几个字，否则就不能成为词。尤其不要连成句子。大家当然可以随着自己的实践不断去调整，但是这些原则是具有普适性的。越是这样做的人，越是可以很快地走到熟练的地步。按此办理，有些学生写文章，只需一两天。国内来的学生一开始可能英文不太好。大部分情况下，在第一篇文章时要强调一下以上种种。接下来就好了。之后大部分情况下他们可以自己投，做corresponding author，跟 editor 打交道，等等。很多人觉得不可思议，其实一点都不难。

回到这个例子，为了说清楚这个课题（EXAFS），把 1.1 分成三个层次。其实这是一种用途非常广泛的材料探测手段。尽管如此，还是要给大家介绍一下。那就分成三个层次。1.1.1 就是一例。这个"是原子尺度探测短程序列的方法"。这一句话是介绍这个方法本身。介绍这个方法以后，要讲一讲它的应用。所以这个 1.1.1 里面又分成了两个点：第一点是本身介绍这个方法，第二点它的应用，就把所有的领域都放进去，像无机化学有机化学等等。再稍微回头看一看，整个的 1.1.1 分成了三个点，三个点是不是一定要用三句话？不一定。但是你经过了第三层次跟第四层次的分析以后，这些"砖"都有了。如果还没有或者不恰当，你在这个地方就可以来回倒腾，去排列，去整理。其中一条更有意思："更重要的是，对不适宜做 X 光单晶衍射的系统，尤为有效"。大家注意到没有，之前的这些"砖"都是描述性的，到了这个地方出现了另外一种东西。这个词组，"更重要的是"，是一种评论性的东西。要指出的是，在写大纲的时候，这样地扩充各个层次的时候，就得有这一类的"砖"。除了"评论性"的"砖"，和前面这些"描述性"的"砖"之外，还要有别的东西，比如"水泥"把它们黏起来，就是承上启下的这些东西，可以叫做第三类的建筑材料，或者第三类的"砖"。所以，大纲中至少要有三类东西，一类是描述性的，一类是评论性的，还有一类是连接用的。评论性的尤其重要， 因为做这个大纲的目的就是要把你思考的结果树立起来。"更重要的是"在这里出现，就代表一个意思的递进。这一切在后面几部分，就更关键，特别是在 1.2、1.3。读者看了这几句话以后，虽然不一定完全懂得这个 EXAFS 到底怎么回事，但会被某些点所吸引，比如"对不适宜做 X 光单晶衍射的系统，尤为有效"。

大家知道，在大部分情况下，要探测化学结构就用单晶 X 光衍射。而这里却说，要是单晶 X 光衍射做不了，就可以用本方法。这句话对于该行业里的人是句废话。因为做 EXAFS 的人，早就知道这事。但是放在这里不是废话，反而非常要紧，因为这篇文章的命运是取决于那些"外行"，至少是半个外行。所以在这里也要放一些"众所周知"的东西。

显然，以上这一切，在没有写成多层次的大纲时，很难做得到。谁能在"从头说起"的情况下，一气呵成，把这些方方面面都考虑进去？所以绝大部分情况下只有通过做这样的大纲，才能达到目的。而且这样做的最大好处是，你写在纸上，可以随时作调整。今天看一遍，明天看一遍。一般建议是，完成了以后放个两三天，每天看一遍就够了。人脑运转需要时间，尤其是非常深入的，涉及面又很广的东西，所需要的思考时间就越长。不能只用五分钟看它 2 遍就完事。

这几个事情一做，这个（1.1）基本上都解决了，几个意思都有了。当然还可以细究，但是大致上 1.1 已经完成。而且这么一排大家现在都明白了，没有任何问题了。即使有，也就是英语写作的问题了。

接下来到 1.2，也就是最重要的事情，科学问题。当然要有 however 作连接了："现今，对于这个实验分析，存在着以下问题，使其只能成为，一个辅助性的，测量手段"。这个问题虽然已经是公认的，但是还是要说一遍。但是这个问题本身并不是一个科学问题，只能说这个技术不够好。这个技术让人家觉得无所适从。大家不要以为已经走到这么前沿，那肯定就是科学问题。下面才是科学问题：第一是逻辑问题，就把"致命缺陷"放上去了。当然将来写文章的时候，不一定要用这个词。但是现在是列大纲，给你自己一个提醒，这个时候词语再激烈，甚至于骂娘的话都可以写上去。将来你一眼看过去，就显得你在这里特别的愤怒，必定有其道理。所以将来写正文时就会把这种愤怒表达出来。至于怎么表达，那是语言的问题。所以这个地方就用了"致命缺陷"。是不是致命的，大家就只能往下看，到底什么是致命缺陷。所以有了 1.2.1 之后还得再细分。与此同时，这句话又是对整个问题的描述。

假设这是在第二个自然段的开头。你来一个"然而"之后，需要有一句什么样的话呢？作文课的老师这时就会说，你得来一句"承上启下"，"画龙点睛"的话。这个很难用英文表达。所以要记得写这些话。这种话在 abstract 里不需要，因为长度有限。但是在你的正文中，要有这样的话。这种话现在大纲中不提，等到你写成文的时候能憋得出来吗？

很难。所以这个时候就要写。那你会说，又要我画龙点睛，又要我承上启下，岂不太难了。是的，这种话往往是比较难写，所以现在就是时候，让你试着先去提一提。写的时候不一定要写成完整的句子，先把要点写下来，到时候就可以连成一句话。总而言之，"大纲"不光是要有第一类砖，第二类砖，跟第三类砖，还要有前面三类的混合，即一些承上启下，画龙点睛的句子。这些句子现在可以只是一些碎片。刚才说的致命缺陷，还需被进一步揭示：这个"必须要进行，反复的拟合和滤波，而多个峰叠加，有可能会发生偏移"。大家不一定要了解这里的细节，但是读了这些词以后，人人会觉得这里面确实有问题，是科学问题吗？把三条 criteria 拿出来比一比。

第一，极端尺度肯定是。它本来就是测原子之间的距离。第二，矛盾。叠加以后发生偏移，与单峰之间有差异。差异就是两个结果之间不同。所以矛盾也有了。第三"为什么"，更不用说了。没有人知道为什么。要有人知道他们早就解决了，轮不到今天你来做这个研究。然后进一步讲到传统的方法"根本没有办法，分离原子序数接近的元素"。你虽然不了解他具体怎么做，但想想也是。两个元素，原子序数很接近、化学上也很相近的东西，这里就没办法分开，显然就是个问题。而后面就不用说了，总而言之一大堆问题，肯定是科学层面的问题。所以一开始，用了画龙点睛的词：致命缺陷。所以这个 1.2 看上去不错。当然可以再细细调整，说不定还可以有其他东西加进来。

接下来是 1.3。为了解决这些问题，"人们已经做了以下这些工作，但它们要么不完整，或者是没什么效果"。这个句子也是画龙点睛，承上启下。当然这个句子将来是不是在文章里直接用有待商榷。但之后你不能只放几个文献的引用编号。要来一些具体的例子。比如文献中"先要猜测结果"，这是目前的方法。怎么可以靠"猜"呢？"猜测"一来大家就肯定觉得不舒服。当然文献中人家不会明说，"我们是猜的"。你就要在此把它直接揭露出来，文献中是先"猜"然后利用另外的方法来"套答案"。你要把这些都指出来，让人心服口服。文献"用其他方法得到结果，再回来拟合数据"等等。所以，你就发现写这个 1.3 不但是非常必要，而且要清清楚楚。有一句概括性的话，画龙点睛，还要把这些具体要点给抓出来，而且抓得非常准确。用的词虽然是中文的，但非常贴切。把这几个关键的词说了，比如"猜啊"，"套啊"，就明明白白地向大家展示了，之前的文献都没解决问题。但是那些文献中会明明白白这样写吗？这些文献有的被引用了成千上万次。他们绝对不会说，"我们的还不行，你们哪天有更好的，可以把我们取代"。只有作者去揭露。

最后是 1.4："It is, therefore, the purpose of the current report, to demonstrate…"。这样的句子当然到处都见得到。要用具体的东西代进去。当然，最后的成果，这里也要提一下："a complete success, in obtaining the ..."。

这个大纲还不能算完美，因为他还没全部做完，将来写完了第 3 部分以后，还需要来回调整。但是至少目前的第一部分，符合我们之前讨论过几乎所有的原则。这部分的大纲，居然是一个只读了一年多的硕士生作的。就从我的模板出发，好像也就是第二稿。所以这事一点都不难。

假如不愿意完全按这种方法，比方说在 1.1 之后就写上整段话，1.2 之后也是整段话。这样就很难进行详细讨论。因为这些"砖"已被固定好，成了一堵墙，都砌好了，没法改动。诸位可以做个试验，把已写好的一篇文章全部打散，把要点拿出来，慢慢的试着重新填成一个大纲。

填完以后再来回过几遍，你会发现，结果可能很不一样。最后把新大纲，重写成一篇文章，又会发现，是一个非常容易的事情。

同时，上述的种种要点，不一定要全部自己列出来，完全可以从文献中"拿"过来。尤其是 introduction 部分，"点"都差不多。正因为你不是将整个句子抄过来，只是把要点拿过来，所以完全不存在抄袭的可能。

8）"真金白银变废铜烂铁"

用这个方法，从模板开始，等于有了一个阶梯。从地面一直到比方说九层楼，相当于写大纲，然后到第十层，你的论文就完成了。既然写是最后一步，在这之前铺垫得越多越好，使得你能够站在接近最高一层的地方，让最后一步变得很容易。虽然前面给了一个好的例子，但对大家不一定有太大的帮助。为什么是这样呢？回想一下从小到大记忆最深刻的东西，并不是你做对了的那些事，而往往是你当初做错了的事情。你的作业做错被老师改正，还算好。考试的时候做错，被扣了分，或者因此不及格了，这样的东西往往在一生中留下了最深刻的印象。当然经常不及格的另论。这是我们人类的一个好处；我们从错误中学到的东西往往印象是最深的。当然，能不能从此以后不再犯，是另外一个问题。所以大家不要怕犯错误，尤其是不要怕被人家当众出丑。当众出了丑，你一辈子不会忘，甚至梦里都会记得。这个科学研究本来就是一个"不输房子不输地"的事。赢了，有奖励；不赢也没怎么样，照样拿你的工资，照样做你的教授。所以一定要克服这个怕犯错误的心理。

下面两个例子几乎是有点两个极端的意思。先看第一个例子，这个例子是关于半导体方面的。但是从之前的讨论，大家可以已经感到这个

Introduction 应该是给所有人看的，至少是应该给外行看，这一点应该毫无疑问。作为一个外行，哪怕你只有中学的物理化学知识，你也应该大概明白他要说什么，至于这些细节你感不感兴趣，另当别论。

我们先看他的题目。这个题目以前说了，应该是最后做的，但是这位老兄大纲还没弄好了，题目就来了。所以大家可以先姑妄看之。它的意思是一种非正常的消失，一种现象，然后是 Study。先做一些小的评论，像这种词一般没有必要；什么 Investigation，Study，等等。我们说过，题目应该包含的两个信息：问题和结果。但"问题"这个词儿本身，因为空间有限，用不着出现在题目里面。也就是说，题目中，也用不着写什么 Problem、Question 以及 Challenge。

这是一种半导体材料，好像是用在蓝光二极管中的。蓝光二极管是到了前些年才给的诺贝尔奖，尽管是千禧年之前的成果。这个还算是"热门话题"，外行不一定知道，但是内行一看就知道。但后面这些，就又有废话的意思，这个本身就是半导体材料，这是毫无疑问的。所以这个题目一上来就让人觉得没有好好计划。我们上次也说到，题目不要事先写。这里简短的评论，让我们再一次确认了题目不要随便先定下来。有一些老师同学跟我说，他们一般先给个题目，就可以知道一个大概的范围。其实不用着，这位同学或者老师，已经完成了研究课题，不至于连大概的范围都不知道吧。所以题目用不着由导师先出。而是要把整个大纲都写完，再定题目。

顺便要提另外一个事情，就是先写哪一部分。很多同学告诉我，老师叫他们先写 Experimental，因为这个最容易。我觉得既然要写大纲，还是应该从 Introduction 开始。道理很简单，通过讨论大家都明白，这个 Introduction 几乎是文章的主要框架，你是要建成一座塔还是一座庙，还是建成一座百货公司，都取决于 Introduction。所以 Introduction 一定要先写。不一定是 Introduction 正文，而是指 Introduction 的大纲，也就是1.1、1.2、1.3 和 1.4。当然你不按照这个，也可以。但你最后会发现，Results/Discussion 直接决定了应该写什么样的 Experimental，所以还是要先写 Results/Discussion。但其中有文献比较（3.3），即你的结果跟别人之前的工作之比对。这就涉及到（1.3）。要是搭配得不好，还是要回去对照1.3。。。因此为何不先把1.3、1.2和1.1写下来，好好地斟酌，再去写你的Results/Discussion。之后，再写 experimental？

所以结论就是，应该把 introduction 放在最先写。Abstract 当然在后面了，题目更后面。我们就从这开始。这位老兄把 1.1 放在这，然后就开始 1.1.1。大家观察到他只做了三层。我们的模板里面本来就有两层，第一层就是 1，第二层就是 1.1。他在这个基础上再加了一层——1.1.1。没有第四层，跟上次的例子不同。于是，这里就有一种被压缩了的感觉。首先这个 LED 是指发光二极管。这个是指无机半导体的 LED，"过去几十年显著进展，有很大的潜力"，"吸引了广大的学者的关注"。正因为只有一层，所以此处无法进一步展开，只好泛泛而论。

跟之前的例子比起来，这里似乎少了些什么。Application 算是有了，但并没有讲什么 Impact。"很大的潜力"是什么呢？没有细说。大家知道，这个发光二极管一大好处就是节能，就是有社会经济效益的。但他这里就没提，当然这是人人都知道的，你不放也行。但是最好要有具体的应用，就可以从中提出应用中的问题，然后再下面就可以引出科学或者工程的问题。因此这里少了这些层次。只能说这一段很勉强，让人感到有些散散漫漫，尤其是没有"粘合剂"，更不要说一些评论性的东西。

接下来是（1.2），科学问题，说得不明不白。大家看着一头雾水，来龙去脉都没交代。而上次那个例子里，（1.2）是洋洋洒洒一大片。这次就没有那么多东西，于是就不清不楚。接下来更有问题；整个前言部分最重要的，前人的工作（1.3）居然被弃之不顾了。（1.2）之后马上就接着（1.4）"我们的计划"。

我们还是耐着性子看一下"我们的计划"。似乎要讲好几样东西。但在（1.2）中，问题只有一个。（1.4）中却有许多"结果"，放了一大堆。还不知道究竟要说什么，有点混乱。之所以要把这些作详细分析，很重要的原因就是，这种情况其实很常见。但是跟之前的例子一比较，马上就会发现毛病在哪了。大家可以想象，这样的东西如果投出去的话，结果会是怎么样的。不要说一流杂志，就是二流杂志也会被打回来。讲到这儿，大家可能以为，这肯定是一项很差劲的工作。事实完全相反，这是个很有意思的实验。不仅发现了一个文献中从来没有报道过的新现象，而且从这个现象可以联系到其他重要的问题。但这位老兄不做大纲，就直接把整篇论文写出来了。而大家看了之后又不知道他要说什么。所以，只好再把整篇文章倒过来"拆"成"大纲"，于是就成了现在这样。所以即使是"真金白银"，也完全可以因为写得不妥当，打包成了"废铜烂铁"。如果按照我们这个模板去捋一捋，重新排一排，很可能会是一篇好文章。

说到这，令人想起，胡适先生说过的有关"马马虎虎"论。如果论文里充满了 maybe，"可能是"，而不是斩钉截铁的，逻辑严密的论述，那就只能是一堆乱七八糟的"砖"而一无用处。结局就是"可能也许大概是，究竟如何不知道"。而要彻底改变这些，还得当事人亲自实践，而不能由别人越俎代庖。就像学游泳，不能让老师替你学。所以这其中的道理，只能让同学们自己去慢慢体会。

9）"死马医成了活马"

与上面这个例子相反，这个大纲已被写成文章投出去了，并好像已被接受。首先是题目，就是问题加结果。它这里说的是，一种比较有效率的质量分析，是用在一种半导体上，也算是一个"热门话题"。这个题目已经把最重要的事情放了进去，就是它所要解决的"问题"。而"结果"中用了一个词"forbidden"，中文的意思是禁止的。这种词，中文也好，英文也好，乍一看会让人眼睛一亮。好好的科学论文，怎么会有"禁止"一说？所以这种词是有点吸引眼球的。这个词其实用在这里非常恰当，因为这些模式在这种光谱里，由于对称性的原因，是不能被显示的。你想，被"禁止"的模式怎么就有用了呢？所以这个题目虽然还有不足之处，它已经有了很多令人意想不到的事情。这也促使我们增加一条原则，那就是：这个题目不光要有这些基本元素，还要考虑如何更好地吸引眼球。而 forbidden 之类的词就是达到你目的的手段之一。

Abstract 先不用看。已经说过 Abstract 一定要等全部大纲完成了以后再写。那个时候你的 Abstract 写出来才有效。这个次序很重要：对于一栋十层楼房，不能先造第十层，连先造第三层都不行，得从地面之下一层先来。这个小孩子都明白。但是大人们，尤其是做研究的，往往做不到这一点。而且经常发生，只是我们自己不觉得而已。

我们再看 Introduction。这个 Introduction 讲到问题那里也有四层结构，我觉得还可以。尤其是在最重要的 1.3，写了很多。从 1.3.1，然后 1.3.2，再 1.3.3 到 1.3.4 到 1.3.5，做的功课比较足。就凭这一点，这个 Introduction 差不到哪里去。

跟刚才那个打包成了"废铜烂铁"的比较一下，这里一上来就画龙点睛：这是"新的研究热点"。这样写的目的，是提醒将来正式写论文的时候，应该强调各种优越的性能。不光有语言上的描述，还有数字信息，所以将来文章发表了以后，也可作为一个参考文献。至于具体将来要写到什么程度是可以再斟酌的。

然后是 1.2。就是科学问题。一般用 however 引导，但这里用了更"强"的转折—"不幸的是"。这个 unfortunately 一来，又有点吸睛了。大家一看，什么不幸？当然 "不幸"不能老用，不然文章里面到处都是"unfortunately"。

这个问题其实还不是一个科学问题。这个质量评估应该是一个技术问题。质量不好肯定不行。但是质量怎么才能好呢，就要讲到它的生长。这就说到了科学层面，因为一说到缺陷肯定是原子尺度。因此，它已经从一个工程的、技术的层面转到了科学层面。当然了，这个问题其实是一个巨大的问题，搞这行的人都知道，所以这个问题你也不用着细说，提一提就行。

关键是下一步，上面用"不幸的是"，这里就来一个 however。这就是一种"策略"。你上面用 however，这里也 however，人家就被转晕了。上面用"不幸的是"，这里用"然而"，这两个不同的词，就让人觉得顺畅一些。同时表达了一个转折的关系。"然后。。"这句话其实是上面的 1.2 的重复，但是在此起了"承上启下，画龙点睛"的作用。每一个大的段落，第一句话都应该如此。但是光是画龙点睛不够，这条龙本身在哪？还得一步一步细细地叙述。

这里的科学问题，包含了矛盾和极端尺度。这个问题问完了以后，最后还给了一个小结："迫切需要发展新的、有效的分析方法"。这么一说，大家会觉得更清楚了。接下来的 1.3 描述了前人的努力。而为了解决这个问题，就要寻找一个新的方法。这要稍微提一下，用 method，不如用 strategy。"策略"这个词更为宏大。让人觉得这是一个全新的方法。当然也不能乱用，明明一个小改进也用 strategy 就不太合适。后面是说，"与其是把着眼点，放在常规的办法上面，我们不如做一些，逆向思维。从事情的反面， 通过非常规的手段，寻找另外的方法"。也就是说，之前是没有什么很好的方法。我们这个新方法不可能从常规中来，而只能打破常规。之前说过的"四项基本原则"最后一条就是要"打破常规"。要反向思维。这种话放在文章里面，人家一看，你又要打破常规，又要想从反面去寻找答案，非常引人注目。好好的事，怎么会走向反面呢？所以这些地方用得妙的话，尽管读者还不知道具体是什么新招，但很可能会被这些"意思"所吸引。

说到这儿，各位一定觉得这是一篇漂亮的文章，至少是一篇不错的文章。但实际上，这是一篇曾被彻底拒绝的文章。当初文章写的是，用常规方法测样品，出现了这些"forbidden"的谱线。这当然是由于样品质量不好引起的，云云。编辑的结论是，其中没有任何"新"东西，成了一匹十足的"死马"。没想到，经过模板整理之后，居然变成了现在这样。跟上一个例子正好相反。

所以讨论到此，大家都会同意，先做这样的大纲是多么的必要。明明是一匹死马，用我们的大纲一套，就变成了活马。

10）关于英文写作

如上所说，从写大纲开始，到整篇文章出来，可以看作一个十层楼房的建造。前面八层到九层是这个大纲，所以这个大纲再怎么强调都不为过。把大纲全部弄清楚了，写起来就容易了。因为到了那时候，唯一的问题就只是写作的问题，即英语问题。但是到最后那一层还是不能"轻敌"，因为如果你把英文写砸了，就建不了第十层。

一般来说，英语中比较普遍的问题还是一些惯用法。例如"attention"这个词，它后面大多应该用"to"，而非其他。但也有文献里面不是这样。这就引出一个问题，科技论文是不是一个学习英文的好地方。

很多时候听到同学们说，"写作主要是看文献中怎么写。""看到文献中有些句子写得很妙，我就用过来。""看的文献越多，就越会写。"非常令人惊讶。从科技论文中学习科技论文的写作，就好比说，让小学刚毕业的人去教小学；让中学毕业的人去教中学；让本科毕业的人去教大学。当然从前可以这样，那是因为没办法。现在你要教大学，至少要硕士、博士毕业；你要教小学，也必须是师范学校毕业，至少是中专，更多的是大学程度。这其中的道理人尽皆知。

同样道理，科技论文绝对不是一个学习科技英文写作的好地方。且不说科技论文的作者来自全世界的各个种族。比方说，PRL（Physical Review Letters）杂志几年前就已声称，他们 60+%的文章是从美国以外来的。当然美国以外也有很多人说英语，比如加拿大就是。但是欧洲大部分都不是英语国家。就算一半吧，也就是说 PRL 的文章里至少有一半不是英语为母语的人写出来的。JACS（Journal of the American Chemical Society）应该也差不多，更不要说那些二流、三流的杂志了。我们国家的论文数早已是全世界第二了，并且很快就会成为第一。所以，可以毫不犹豫地说，全世界的英文杂志里面，有至少一大半是由母语为非英语的人所写。

当然，许多杂志会在审稿期间尽力提高英文质量。但不可否认，也有大量的杂志的英文水准早就降到了地平线以下。而你如果用读科技文献的办法来提高你的英语，这很可能就是为什么你的英语水准一直无法提高的原因。那么什么才是学习英语写作的好地方呢？应该看一些文学水准比较高的文章，也就是我们说的范文。如果要找中文的范文，大家肯定是从语文教科书里面找。好的语文老师就经常教一些非常细究的东西，让人觉得之前的语文都白读了。英语也要这样做。当然不一定要把这些细枝末节的、高深的东西都用到科技论文里面。但是，一定要了解一些这样的东西。如果一下子找不到合适的"范文"，可以读一些有名的报纸的评论员文章。

这些文章不光要读，也要学会分析。分析这些句子为什么是这样写的。很多同学会说，我也试着读过，可是一句都看不明白。这种可能性是有的，很可能是因为你之前只看科技论文。总而言之，最好不要把科技论文拿来做学习英文的样板。这样的话极有可能会误入歧途。科技论文里面有很多错误，有很多惯用法不地道。更不要说，把文章写得漂亮，像地地道道的英语。

常听说，有些同学写文章时，先用中文，再翻译成英文。这个应当避免。如果你经常去读些范文，脑子里就会有一种"语感"。你会对自己写的东西有个评判。只要知道哪些是不恰当的，甚至还不知道往哪个方向改会更好，这也比靠翻译要好得多。否则的话，老沉浸于那些糟糕的英文，还可能造成自己英文不赖的错觉。

现在国内有很多年青人喜欢 RAP，并且拿来登大雅之堂，这对于提高正规的英语写作水准并无好处。

当然，口音好挺重要，因为学语言就是听说读写。"听"其实算是容易的。一开始听，就要听一些口音比较标准的。说到口音，有玩笑说北方的不行，南方的也不行，只有长江中下游一带可以。大家千万不要因此而沮丧，全世界英语说得比全中国都糟的地方有的是。甚至可以非常负责任地告诉大家：世界绝大部分地区英语口音都比中华大地要差。我们东面的日本，就不用说了。韩国也差不多。然后是东南亚。曾在新加坡国立大学闹过笑话。听人说了一顿饭时间的"新加坡英语"，居然一句都没懂。"Singlish"，就是英语带印度口音，但是比印度的英语更夸张。马来西亚则与新加坡差不多。然后巴基斯坦、印度、孟加拉国都一样，就是该爆破的音永远不爆。当然，每个国家都有少数英语说得非常好的人。你说这只是亚非拉，那么说欧洲。欧洲有一大半是东欧，是属于斯拉夫语族。斯拉夫人的英语大都是卷舌的，因此很难令人一听就明白。然后是德语。虽然跟英语是同一个小分支里的，但是因为隔了一个海，听起来就大不一样。法语、意大利语、西班牙语是属于拉丁语族的，发音就更加隔了一层。。。如此看来，我们的条件还不错，长江中下游更是得天独厚。

"听说读写"，大家会觉得"读"怎么放在第三呢？"读"不是最容易，而应该放在第一吗？要"读"得好其实非常不容易。想像一下，拿一份英文的报纸或者课文，站在电台播音员的话筒面前，不能有任何错误，该停顿的要停顿，还要注意语气语调还有连缀。所以要读好一篇东西非常困难。尤其是，"读"跟"写"连在一起。写得好，往往跟"读"得好有密切的关联。所以长期以来，我给我们组里的同学这么个建议：

不管你原来英语基础怎么样，最好是每天早上起来读。当你神智还没有完全清醒的时候读是最好的。这就跟练钢琴一样。你还没完全清醒的时候能做的事情，清醒的时候一定做得更好。清醒的时候才能做的事情，要是半睡不醒不一定能做。所以给大家的建议是要找范文，不能从科技文章里面找。并且，每天早晨起来读英语是一个非常好的办法。读了以后，不光是听得容易了，还会慢慢得到一些语感。有了语感，那些句子你根本不用分析，一读就能发现错误。

作者简介

　　许谷，加拿大麦克马斯特大学材料科学与工程系教授，加拿大工程院院士。曾获美国匹兹堡大学理学硕士、博士学位，及哥伦比亚大学工程博士学位。长期从事有机光电材料，燃料电池，和纳米结构探测等方面的研究。

Abstract

As a top priority nationwide, scientific innovation has fascinated numerous researchers who are often however overwhelmed by its concealed paradigm. It is therefore the purpose of the current pamphlet, to fill the gap by offering its readers a sweeping overview of the ignored, if not distorted, fundamentals of modern research enterprise, including the contrast between engineering and scientific problems, and 3 major criteria for the later, which are of practical significance to the most pivotal point amongst the presumed sequence. Also incorporated are the general strategies in commanding the scientific knowledge pool and in defragmenting the helplessly fragmented intelligence. The well celebrated 4 Fundamental Principles of research innovation, as well as a universal template for the research paper writing, are both exemplified in the appendices. Anecdotes, informal and conversational speech, have been adopted in addition to reinforce the concepts under the streamlined framework, helping to draw a broader readership.

ISBN-13: 978-1985071810

ISBN-10: 1985071819

www.ingramcontent.com/pod-product-compliance
Lightning Source LLC
Chambersburg PA
CBHW081727220526
45468CB00008B/2008